現代数学シリーズ

伊藤 雄二 編集

日比 孝之 著

復 刊

可換代数と組合せ論

丸善出版

はじめに

凸多面体をめぐる‘数え上げ’組合せ論の歴史を眺望するならば，一方にはEulerの公式（1752年）を源とする凸多面体の面の数え上げがあり，他方にはMinkowskiらが築いた「数の幾何」から派生した凸多面体に含まれる格子点の数え上げがある．いずれも伝統的な話題であるが，近年，この両者と可換代数や代数幾何との著しい相互関係が明らかになり，現在，活気に満ちた研究活動が展開されている．本著の舞台の主役は，前者の流れに属する単体的複体の面の数え上げから生起する有限数列，そして，後者の範疇に属している凸多面体に含まれる格子点の数え上げから定義されるEhrhart多項式である．舞台のシナリオの根底に流れる哲学は，離散的な数学現象の研究において，抽象代数の現代的理論がその威力を発揮する過程を観衆に披露することである．

では，本著の内容について簡単に紹介しよう．序章では，当該分野「可換代数と組合せ論」の歴史的背景，現状と展望などが対話の形式で語られている．難解な専門用語にとらわれることなく，雰囲気を味わうとともに‘耳学問’の重要性を認識されたい．第1章では，凸多面体とその面についての基礎概念を集約し，単体的複体のf-列とh-列を定義する．凸多面体の話を聞く機会は滅多にないであろうが，読者は，サッカー・ボールのような日常の3次元空間における多面体を思い浮かべつつ読み進められたい．第2章では，組合せ論に応用するための可換代数，特に，Cohen-Macaulay環の理論をNoether正規化定理を基礎に編成する．次数付可換代数のHilbert函数とHilbert級数こそが‘数え上げ’組合せ論と可換代数を結び付ける虹の掛け橋である．古典的なイデアル論の予備知識は仮定せず self-contained に話を進める．第 3 章では，単体的球面の面の個数についての上限予想を，Cohen-Macaulay 環の理論を使って劇的に解決した Stanley の着想を紹介する．単体的複体に付随する次数付可換代数が Cohen-Macaulay 環であるか否かを判定する Reisner の定理は，可換代数の組合せ論的側面を語るときにはなくてはならない定理である．被約 homology 群などの道具が不可欠なので，代数的位相幾何学に馴染みの薄い読者のために，必要な定義，定理と諸例を集めた．第 4 章では，凸多面体の‘ふくらまし’に含まれる格子点の個数についての Ehrhart の仕事を解説し，その環論的側面を論じた．単項式で生成される Cohen-Macaulay 環についての Hochster の定理は，凸多面体の理論と可換代数との相互関係を始めて世に示した記念碑的な結果である．概ね，第 3 章と第 4 章は独立しているので，読者の興味に応じて，第 1 章と第 2 章に続いて第 4 章を読むことも可能である．可換代数，組合せ論についての専門的な知識を持たない読者を想定して筆を進めたが，線型代数で学ぶ商空間，完全系列などに馴染んでいること，連続写像，有界閉集合など距離空間の位相を熟知していること，環と加群の初歩を朧気に知っていること，などは予備知識として仮定した．読者にとって苦痛を感じる恐れのある可換代数の一般論を展開することは極力避け，可換代数のどのような結果がいかなる技巧を経由して組合せ論に適用されるのか，ということの解説に力点を置いた．局所 cohomology 群など可換代数の複雑な道具を準備し，Reisner の定理と Hochster の定理を証明することは，原稿枚数の制限もあって，至難の業なので，迷うことなく割愛した．

本文中に準備した幾つかの問は，証明抜きの補題と具体的な計算例に大別される．若干の問を除き容易に解けると信ずるが，ヒントと略解を末尾に添付した．また，本著に関連する教科書と解説記事は，「あとがき」に紹介した．

本著で扱った上限予想や Ehrhart 多項式は「可換代数と組合せ論」発祥の契機となった話題であり，使用される可換代数も Cohen-Macaulay 環の初歩的な理論である．本著を読破した後，読者が「可換代数と組合せ論」の研究に興味を持ったならば，「あとがき」に載っている教科書を参照し，可換代数や代数幾何の専門知識を習得しながら，昨今の研究論文を探索することが有益である．‘数え上げ’組合せ論の先駆者である Gian-Carlo Rota 教授も，嘗ては，函数解析の専門家であった．そもそも，‘数え上げ’というものは，数学の至る所に現れるのであるから，自分の専門領域を固めることと平行して，‘数え上げ’の研究を進めることが重要となるのである．

本著の執筆を引き受けたのは，著者が名古屋から札幌に赴任することが決まった頃であった．いま，札幌を離れる直前になって，本著が仕上がったことにある種の感慨を覚える．本著には，北国の美しい街，札幌での様々な思い出が込められている．

1995年2月札幌にて

日比　孝之

記　号　表

$\mathbf{Z}$	整数全体の集合
$\mathbf{Q}$	有理数全体の集合
$\mathbf{R}$	実数全体の集合
$\#(X)$	有限集合 X の要素の個数
$\simeq_{\mathrm{homeo}}$	位相空間の同型
$\cong$	線型空間の同型
$\mathrm{CONV}\,(X)$	集合 X の凸閉包
$\mathbf{B}^d$	d-球体
$\mathbf{S}^{d-1}$	$(d-1)$-球面
$\partial\mathcal{P}$	凸多面体 $\mathcal{P}$ の境界
$\lvert\Gamma\rvert$	多面体的複体 Γ の幾何学的実現
$\Delta(\mathcal{P})$	単体的凸多面体 $\mathcal{P}$ の境界複体

目 次

序章　ハーバード・スクエアの昼下がり

街が緑に満ち溢れ，さわやかな微風が流れる初夏の昼下がり，ハーバード大学に近いフレンチ・カフェ“オー・ボン・パン”で，ふたりの教授と大学院生らがお喋りしている*.

A 教授　今週は僕の大学の卒業式があってキャンパスではその準備が進んでいるのだけど，B 教授のところはいつでしたかね.

B 教授　6 月 10 日頃だと思うよ.

A 教授　明日，僕の友達の C さんがイギリスから来るんだけど，この季節は卒業生の家族でホテルはどこも満室でね．一泊 $30 ぐらいの Bed & Breakfast を探して，ようやくあったよ.

院生 X　C 教授は，来週，ニューヨークで開かれる組合せ論の研究集会で特別講演をするんでしたよね.

A 教授　そう，彼は「凸多面体の組合せ論の昔，現在と未来」というタイトルで啓蒙的な話をする予定だよ．先週，国際電話で言ってたのだけど，OHP の原稿を 30 枚も書いたそうだ．C さんの話のうまさは定評があるから，X 君も楽しめると思うよ.

B 教授　X 君は昨年の 9 月に大学院に進学したのだったかね.

院生 X　そうです．カリフォルニア工科大学を卒業してこっちに来ました．東海岸の都市で生活するのは初めてだったのですけど，冬の寒さには驚きました．ボストンはこんなに雪が降るんですか.

*この会話は筆者の創作である.

B 教授 この冬は例外的に寒く，雪も多かったんだよ．僕はもう 30 年もボストンに住んでいるんだけど，こんなドカ雪は初めてだよ．ところで，X 君は組合せ論を専攻するつもりですか．

院生 X まだ，はっきり決めてはいませんが，代数幾何と組合せ論の両方に関係した話題の研究をしたいと思っています．

B 教授 僕は組合せ論の専門的なことは良く知らないが，ときどき面白そうな話があると組合せ論のセミナーにも顔をだしているのだけど，組合せ論の最先端で活躍するには随分と代数や幾何の勉強をする必要があるみたいだねえ．X 君は，いつも組合せ論のセミナーに参加しているようだけど，他人の話をちゃんと理解している様子で，感心してるよ．僕など，話の途中で挫折することがほとんどだから．

院生 X とんでもないですよ．僕は，まだ一介の大学院生に過ぎず，A 教授の講義で課される宿題に悪戦苦闘している状態ですので，セミナーで話される諸先生や諸先輩の独創的な仕事を理解できる段階に到達しているなどとは全然思ってません．でも，細かい部分や技巧的な所を理解することは無理だとしても，話の流れには何とか追い付く努力はしようと心掛けてはいます．僕の周りには，一部しか理解できないような話を聞くことは時間の無駄だと放言している院生もいるけど，僕らのように，いまから学位論文のテーマを見つけようとしている者にとって，最先端の話題に接することは，基礎固めと同時に，いや，それ以上に重要なことなのではないでしょうか．

院生 Y 談話会などで専門外の話に接したときにも，質疑，応答などを聞いていると，その話題が急激に発展しているものか，それとも重箱の隅をつっついたものかが，朧気にでも，肌で感じ取ることができますね．それに，談話会などで他人の話を聞くことによって，将来，自分が話をするときに，素人にも分かり易く，専門家にもなるほどと思ってもらえるようにするには，どうやって話の流れを組み立てるのが良いか，ということの参考にもなりますよ．

A 教授 そうそう，春学期が始まった頃だったかね，X 君が僕の研究室にやってきて，僕の担当する組合せ論の講義の概略を知りたいといったので，いっしょにお昼を食べながら一時間ぐらい話したよね．

院生 X わずかな時間だったし，定義も良く分からない専門用語があったりで，正直な所，あまり理解できなかったのですけど，とても面白そうな話題だな，と感じたので，受講することに決めたのです．僕は，代数の知識が至って貧弱だったので，環論的な概念に慣れるまでちょっと四苦八苦したんだけど，A教授の講義はとても丁寧で分かり易く，代数の抽象論が具体的な組合せ論の問題に劇的に応用される様子が手に取るように理解できます．

A 教授　ところで，Y 君の学位論文発表会は無事済みましたか．

院生 Y　はい，お陰様で．

A 教授　先月だったっけ，君の話を組合せ論のセミナーで聞いたけど，なかなか面白い結果だね．

B 教授　Y 君の学位論文の内容をちょっと教えてよ．

院生 Y　僕は学位論文で，スタンレー・ライスナー環の有限自由分解に現れるベッチ数列の研究をやりました．組合せ論というよりも，むしろ可換代数の話なのです．体 k 上の可換な多項式環 R のイデアル I があったとき，剰余環 R/I の R 上の極小自由分解を考え，その i 番目の自由加群の階数を i 番目のベッチ数と呼ぶのですが，そのベッチ数を計算することは興味深い問題です．しかし，一般には，R と I が具体的に与えられたとき，ベッチ数を計算するなどということは，恐ろしく難しいんです．

B 教授　そりゃあそうだろうね．

院生 X　極小自由分解って何でしょうか．

院生 Y　剰余環 R/I を R 上の加群と考えたとき，

$$0 \to R^{\beta_h} \to \cdots \to R^{\beta_i} \to \cdots \to R^{\beta_1} \to R \to R/I \to 0$$

のような R 上の加群の完全系列が存在することが知られています．このような完全系列を R/I の有限自由分解と呼ぶんです．

B 教授　ここで，R^{β_i} は階数が β_i の自由加群だね．

院生 Y　そのような有限自由分解のなかで，おのおのの β_i を同時に最小にする分解が，一意的に存在するんです．それを R/I の R 上の極小自由分解と呼ぶのですよ．

A 教授　イデアル I が簡単な場合でも，実際に極小自由分解を構成することは大変に難しいことだよ．

院生Y　僕は，イデアル I が単項式で生成されるときに限って研究したんです．このとき，簡単な考察から，I はスクエア・フリーな単項式で生成されると仮定しても差し支えないことがわかります．すると，剰余環 R/I は，いわゆるスタンレー・ライスナー環となって，R/I に単体的複体 Δ が付随するのです．そうすると，R/I の ベッチ数が Δ の何らかの組合せ論を使って記述できるのでは，という期待が持てるんです．

B教授　なるほど．

院生Y　もちろん，スタンレー・ライスナー環であっても，そのベッチ数列がいつでも計算できるわけではないので，それに付随する単体的複体を選んで研究する必要があります．そもそも，R/I に付随する単体的複体がかなり著名なものであったとしても，R/I のベッチ数は体 k の標数に依存してしまうのです．そうなってしまうと，具体的に計算することは，至難の業です．

B教授　すると，R/I のベッチ数がうまく計算できるような単体的複体の自然なクラスを探すということが大切なんだね．

A教授　そうだ，そうだ．Y君の結果のひとつに，R/I に付随する単体的複体が次元 d の巡回凸多面体の境界複体のときに，そのベッチ数をきちんと計算したのがあったよね．この結果は，d が偶数のときは簡単で僕も知っていたけど，奇数のときに計算するアイデアはなかなか奇抜だよね．

B教授　有限自由分解とかベッチ数列は，盛んに研究されている話題なのかね．

院生Y　そうですね．可換代数，組合せ論，計算代数などの分野が絡み合う話題で，今後，いろんな方向から研究を進めることができると思います．

A教授　有限自由分解は巨匠ヒルベルトによって，ちょうど100年前に始めて研究されたんだよね．ところで，Y君は“マコーレー”を使うのですか．

院生Y　もちろんです．

B教授　何ですか“マコーレー”って．

A教授　イデアル I の生成系を与えると，R/I の R 上の極小自由分解とベッチ数列を計算してくれるプログラムで，とても重宝なんですよ．

B教授　スタンレー・ライスナー環というものは，よく耳にするけど，X君は知ってましたか．

院生 X　この春学期に受講した A 教授の講義にでてきたので，ちょっとは勉強しました．1974 年頃にスタンレーとライスナーによって独立に発明されたそうです．

A 教授　1970 年代は凸多面体の組合せ論の古典論が完成するとともに，現代論への移行期でもあったと思う．単体的凸多面体の面の個数についての上限定理がマックミューレンによって，下限定理がバーネットによって，それぞれ 1970 年，1973 年に証明された．その後，この上限定理を任意の単体的球面の面の個数に拡張することが懸案の課題となったが，スタンレーは可換代数を使って解くなどといった前代未聞の試みを企てた．そのとき，彼が模索したのが，今日いうところのスタンレー・ライスナー環なのだ．スタンレーにとって，きわめて幸運であったことは，彼が必要としていた可換代数の結果が，ちょうど同じ頃に，ライスナーの学位論文で証明された，ということだった．スタンレーにとって，ライスナーの結果は幸運の女神の微笑みであったに相違ないね．

B 教授　じゃあ，ライスナーは上限定理など知らずに，偶然，スタンレーと全く同じ可換環を，全く同じ頃に考案して，可換環のしかるべき結果を得たというわけか．

A 教授　そもそも，ライスナーの指導教官ホックスターが 1972 年に発表した論文のなかに，スタンレー・ライスナー環の発想が潜んでいたそうだし，スタンレーもその論文を読んだとのことだった．

院生 Y　スタンレーの上限定理の論文は，非常に丁寧に書いてあるにもかかわらず，わずか 8 ページで，ライスナーの定理さえ認めてしまうと，ごく初歩の可換代数の知識さえあれば，一晩で読める．僕は，大学院の初年度にこの論文を読んで，アイデアの素晴しさに感銘を受けるとともに，組合せ論の面白さを心底感じたんですよ．それまで，組合せ論というと，パズルみたいなものばっかりで，学問としての価値などあるのか，と疑っていたのです．

A 教授　さらに，1971 年，マックミューレンは，単体的凸多面体の面の個数の組合せ論的特徴付けについての“g-予想”を提唱した．この予想は，コーネル大学のビレラとその弟子リーが十分性の部分を，スタンレーが必要性の部分を，それぞれ，1979 年に証明した．ここに至り，単体的凸多面体の面の個数の組合せ論的特徴付けが完全に得られたのです．

院生 Y　しかも，そのスタンレーの証明が，これまた嵐を呼び起こすようなものだったんですよ．僕は，コピーをして驚いたんだけど，今度の論文は，たった 3 ページ，しかも，最初のページは序文で，記号の説明とマックミューレンの "g-予想" が述べてある．そして，3 ページ目は謝辞と参考文献，そんなわけで，実質的な証明は 2 ページ目のみで，その証明は代数幾何におけるトーリック多様体の理論からの引用がほとんどで...

A 教授　昨今の数学の著しい特徴は，個々の分野の閉鎖的な壁が崩壊し，複数の分野が思いもよらない結びつきをすることだ．もっとも，単に結びつくだけではいささか迫力に欠けることもあろうが，ひとつの分野で永年未解決であった難問が，他の分野で展開されている理論を使うと一瞬にして解けるという現象も起こっているよ．可換代数や代数幾何を武器としたスタンレーの仕事は，その典型的な例だね．

B 教授　Y 君は代数幾何にも詳しいのですか．

院生 Y　ハーツホーンの代数幾何の教科書を読んだ程度です．

院生 X　えっ，練習問題も全部解いちゃったのですか．

院生 Y　まあ，8 割ぐらいってとこです．

B 教授　それにしても，可換代数，代数幾何などと凸多面体の組合せ論が結び付くって，非常に面白いね．ところで，A 教授が大学院に入学したのは，その "g-予想" が解決した頃だったっけね．

A 教授　大学院に入学したのは 1980 年の 9 月だったから，ビレラとリー，スタンレーの論文がともに出版された頃ですね．ちょうど，コーエン・マコーレー半順序集合の理論が整備されつつあった頃です．

B 教授　今度はコーエン・マコーレーですか．このマコーレーはあの有名な数学者マコーレーでしょうね．

院生 Y　有限半順序集合は，それに含まれる全順序部分集合を単体とみなすことで，単体的複体の特殊なものと考えることができます．すると，それに対応するスタンレー・ライスナー環がコーエン・マコーレー環のとき，その半順序集合をコーエン・マコーレーと呼べば，可換代数の概念が有限半順序集合の理論に移入されるわけです．

B 教授　たとえば，有限分配束などはコーエン・マコーレー半順序集合かね．

院生 Y　そうです．バクロウスキー，ビョルナーらによって，コーエン・マコーレー半順序集合の興味あるクラスが発見されました．古典的な束論で重要だった幾何束，モジュラー束などはもちろん，いわゆる局所セミモジュラーな半順序集合はコーエン・マコーレー半順序集合です．

A 教授　そうそう，ブランダイス大学のアイゼンバッドが ASL の概念を提唱して，それが話題になっていたのも，僕が大学院に入学した頃だったかな．

院生 X　ASLって何の略ですか．

院生 Y　Algebras with Straightening Laws ですよ．

B 教授　おおざっぱにいって，ASLってどんなものですか．

A 教授　不変式論において，不変式環の生成元と関係式を決定しようとするとき，straightening laws と呼ばれるものが登場するんだけど，それを公理化したものが ASL なんです．

B 教授　その公理化によってどんな恩恵が得られるのですか．

A 教授　不変式論に現れる不変部分環や，グラスマン多様体，旗多様体などの座標環が半順序集合と対応付けられる．しかも，ある ASL がコーエン・マコーレー環であるということは，対応する半順序集合がコーエン・マコーレー半順序集合ということから導かれる．

B 教授　すると，いろんな可換代数がコーエン・マコーレー環となることが，あっという間に証明できてしまう手品のようなものなのだね．

A 教授　手品ですか．たしかに，半順序集合という比較的単純なものを媒介として，コーエン・マコーレー環の理論がささやかながらも統制できるということは事実だと思います．

B 教授　いずれにしても，この ASL という概念によって半順序集合の組合せ論が可換代数にすごく役立つわけだね．

院生 Y　ASL の概念が提唱された頃，どんなことが問題だったんですか．

A 教授　古典的な不変式論に関連する ASL の例で整域となっているものは，すべて整閉整域だった．そこで，一般に，整域となる ASL はいつも整閉整域であるか，という予想が自然に沸き上がってきたよ．でも，数年後，その予想の反例が構成されてしまったけど．

院生 Y　整域となる ASL は，いつもコーエン・マコーレー環なのですか．

A 教授　確か，3 次元までならそうだったと思う．でも，4 次元では反例があるそうだ．

B 教授　良くわからんが，ASL で整域となるものなんて，そんなに簡単には構成できないんじゃないかね．

A 教授　そうですね．生成元の関係式が半順序集合で制約を受けるんだから．半順序集合が適当に与えられて，その上に ASL で整域となるものを作れといわれてもちょっと無理です．

院生 X　もちろん，整域となる ASL が存在しないような半順序集合もあるんでしょう．

A 教授　そうです．

B 教授　しかし，半順序集合から出発して，その上に整域となる ASL を構成しようとする試みから，可換代数の新しい例が発見できる可能性もあるんだろうね．

A 教授　もちろんです．そのようにして意識的に構成された ASL 整域が，可換代数の立場から非常に興味あるものであったり，組合せ論に応用できたりすることもありますね．

院生 Y　ところで話は変わりますが，ちょっと以前，春学期の始まった頃でしたか，僕の友達の Z 君が組合せ論のセミナーでエルハート多項式の話をしてましたね．

B 教授　エルハート多項式だって？　エルハート多項式の話なら，数年前，僕もドイツに滞在していたときに，談話会で聞いたことがあるよ．あの話題は談話会にはもってこいだ．定義はだれにでも理解できちゃうしね．

A 教授　X 君も知っているかも知れないけど，凸多面体 P があったとき，それをふくらました nP に含まれる格子点の個数を数える話題なんだよ．

院生 X　格子点って，すべての座標が整数であるような点のことですか．

A 教授　そう．それと，もちろん n は正の整数だよ．

B 教授　エルハートはフランスの高等学校リセの数学の先生で，この話題を高校生の教材に使ってたんだよね．

院生 X　たしかに，P が平面の凸多角形などでしたら，高校生の数学の教材としても適当ですね．

A 教授　エルハートは，P の頂点がすべて格子点ならば，nP に含まれる格子点の個数は n の多項式であること，その多項式の次数は P の次元に一致することを証明した．

院生 X　その多項式をエルハート多項式と呼ぶんですね．

B 教授　そう，そう．たとえば，P が平面の三角形で，頂点の座標が原点，$(1, 0)$ と $(0, 1)$ ならば，えっと，$\cdots$

院生 Y　エルハート多項式は $1 + 2 + \cdots + (n+1)$ だから，$(n^2 + 3n + 2)/2$ ですね．

A 教授　いま，そのエルハート多項式を $i(P, n)$ で表そう．すると，n のところに形式的に $-n$ を代入することができる．B 教授の言った三角形ならば，$i(P, -n) = (n^2 - 3n + 2)/2$ となるわけだ．

院生 X　でも，形式的に $i(P, -n)$ を考えても，組合せ論的な意味はあるんですか．

A 教授　実は，$(-1)^d i(P, -n)$ は nP の内部に含まれる格子点の個数を表すんだよ．ここで，d は P の次元だ．

院生 X　たしかに，P がさっきの三角形ならば，nP の内部に含まれる格子点の個数は $1 + 2 + \cdots + (n-2) = (n^2 - 3n + 2)/2$ ですね．

A 教授　これが，いわゆるエルハートが相互法則と呼んだ定理で，実に面白い結果だと思う．

院生 Y　エルハートはいつ頃これらの結果を発見したのですか．

A 教授　1955 年頃とのことだよ．エルハートの仕事は，1960 年，70 年代にマクドナルド，マックミューレン，スタンレーらに継承されていったんだ．

院生 X　エルハート多項式の理論も可換代数と関連するんですか．

A 教授　そう．エルハート環というものを定義すると，そのヒルベルト函数がエルハート多項式になって，しかもエルハート環はコーエン・マコーレー環だから，コーエン・マコーレー環の理論がここでも使えることになる．

B 教授　僕が談話会でエルハート多項式の話を聞いたときには，可換代数などは全然出てこなかったよ．

院生 Y　一般大衆を聴衆とした談話会でコーエン・マコーレー環の話などをするのは駄目ですよ．

B 教授　まあ，そうだね．でも，エルハート多項式の面白い例として魔法陣の話が出てきたと記憶しているが．

A 教授　非負整数を成分とする r 行 r 列の正方行列で，各々の行の和，各々の列の和がすべて n になるものの個数が n の多項式になるという話でしょう．これ，有名な事実で，きっと，バーコフ・フォンノイマンの定理などもでてきたはずですよ．

院生 X　ところで，エルハート多項式とトーリック多様体の幾何との関連はどうなのですか．

A 教授　昨年，ドイツのオーバーヴォルファッハ数学研究所で凸多面体と代数幾何の第 2 回目の集会が開催されたのだけど，学位論文を書き上げたばかりの若い研究者で，エルハート多項式と関連したトーリック多様体の話をした人が何人かいたよ．

B 教授　じゃあ，X 君もここらあたりで良いネタを見つけると，素晴しい学位論文が書けるかも知れないね．さて，そろそろ僕は失敬しようか．3 時に友人が研究室に尋ねてくるから．

A 教授　では，我々も．来週ニューヨークの研究集会で，また会おう．

第1章　凸多面体と単体的複体

本章では，凸多面体と単体的複体の組合せ論に関する基礎概念を解説する．予備知識は，線型代数に馴染んでいること，距離空間 $\mathbf{R}^N$ の位相を熟知していること，などである．凸集合と凸多面体の諸性質については，本著で必要となる範囲で簡潔に集約した．日常の3次元空間における球体や多面体を想定しつつ読み進まれたい．凸多面体と単体的複体をめぐる‘数え上げ’の組合せ論においては，f-列と h-列が重要な研究対象である．

§1.　凸多面体と面

我々の仕事の舞台は，次元 N のユークリッド空間

$$\mathbf{R}^N = \{\boldsymbol{x} = (x_1, x_2, \ldots, x_N) \mid x_i \in \mathbf{R}, 1 \leqq i \leqq N\}$$

である．空間 $\mathbf{R}^N$ の点 $\boldsymbol{x} = (x_1, x_2, \ldots, x_N)$ と $\boldsymbol{y} = (y_1, y_2, \ldots, y_N)$ があったとき，$< \boldsymbol{x}, \boldsymbol{y} >$ と $\|\boldsymbol{x} - \boldsymbol{y}\|$ を

$$\langle \boldsymbol{x}, \boldsymbol{y} \rangle := \sum_{i=1}^{N} x_i y_i$$

$$\|\boldsymbol{x} - \boldsymbol{y}\| := \sqrt{\langle \boldsymbol{x} - \boldsymbol{y}, \boldsymbol{x} - \boldsymbol{y} \rangle}$$

で定義する．このとき，空間 $\mathbf{R}^N$ は内積 $\langle \boldsymbol{x}, \boldsymbol{y} \rangle$ を持つ $\mathbf{R}$ 上の N 次元線型空間である．他方，空間 $\mathbf{R}^N$ は距離 $\|\boldsymbol{x} - \boldsymbol{y}\|$ によって距離空間となる．距離空間 $\mathbf{R}^N$ の部分集合 A から B への同相写像 (すなわち，全単射 $\psi : A \to B$ で，

ψ および ψ^{-1} が連続写像となるもの) が存在するとき，A と B は同相であるといって，$A \simeq_{\mathrm{homeo}} B$ で表す．

アフィン空間とアフィン変換　実数を成分とする N 次正則行列 $C = (c_{ij})_{1 \leqq i,\ j \leqq N}$ と点 $\boldsymbol{\alpha} = (\alpha_1, \alpha_2, \ldots, \alpha_N) \in \mathbf{R}^N$ を使って，

$$
\begin{aligned}
T(\boldsymbol{x}) &= \boldsymbol{x}C + \boldsymbol{\alpha} \\
&= (x_1, x_2, \ldots, x_N) \begin{bmatrix} c_{11} & c_{12} & \cdots & c_{1N} \\ c_{21} & c_{22} & \cdots & c_{2N} \\ \vdots & \vdots & & \vdots \\ c_{N1} & c_{N2} & \cdots & c_{NN} \end{bmatrix} \\
&\quad + (\alpha_1, \alpha_2, \ldots, \alpha_N)
\end{aligned} \tag{1}
$$

(ただし，$\boldsymbol{x} = (x_1, x_2, \ldots, x_N)$ は $\mathbf{R}^N$ の任意の点) と表される写像 $T : \mathbf{R}^N \to \mathbf{R}^N$ を $\mathbf{R}^N$ の**アフィン変換**と呼ぶ．すなわち，アフィン変換とは線型変換と平行移動の合成写像である．すると，行列 C が N 次単位行列であればアフィン変換 (1) は $\mathbf{R}^N$ の平行移動，点 $\boldsymbol{\alpha}$ が $\mathbf{R}^N$ の原点であればアフィン変換 (1) は $\mathbf{R}^N$ の線型変換である．

空間 $\mathbf{R}^N$ の空でない部分集合 W が**アフィン部分空間**であるとは，$\mathbf{R}^N$ の線型部分空間 U と点 $\boldsymbol{\alpha} \in \mathbf{R}^N$ で

$$
W = U + \boldsymbol{\alpha} := \{\boldsymbol{x} + \boldsymbol{\alpha} \mid \boldsymbol{x} \in U\}
$$

となるものが存在するときにいう．換言すれば，空間 $\mathbf{R}^N$ の線型部分空間を平行移動したものがアフィン部分空間である．

(1.1) 問　空間 $\mathbf{R}^N$ の線型部分空間 U, U' と点 $\boldsymbol{\alpha}, \boldsymbol{\alpha}'$ があって，$U + \boldsymbol{\alpha} = U' + \boldsymbol{\alpha}'$ であると仮定する．このとき，$U = U'$ を示せ．

アフィン部分空間 $W \subset \mathbf{R}^N$ の**次元**を，次の条件を満たす非負整数 d の最大

値で定義する*：W に含まれる有限集合 $\{\boldsymbol{w}_0, \boldsymbol{w}_1, \ldots, \boldsymbol{w}_d\}$ で $\boldsymbol{w}_1 - \boldsymbol{w}_0, \boldsymbol{w}_2 - \boldsymbol{w}_0, \ldots, \boldsymbol{w}_d - \boldsymbol{w}_0$ が $\mathbf{R}$ 上線型独立となるものが存在する.

(1.2) 問　アフィン部分空間 $W = U + \boldsymbol{\alpha}$ の次元は，線型部分空間 U の ($\mathbf{R}$ 上の線型空間としての) 次元に一致することを示せ.

空間 $\mathbf{R}^N$ の空でない任意の部分集合 X があったとき，任意の点 $\boldsymbol{\alpha} \in X$ を固定し，部分集合 $\{\boldsymbol{x} - \boldsymbol{\alpha} \mid \boldsymbol{x} \in X\}$ が張る $\mathbf{R}^N$ の線型部分空間を U とする. このとき，アフィン部分空間 $U + \boldsymbol{\alpha}$ を $\mathrm{AFF}(X)$ で表し，X が張る $\mathbf{R}^N$ のアフィン部分空間と呼ぶ.

(1.3) 問　(a) 部分集合 $(\emptyset \neq) X \subset \mathbf{R}^N$ が張るアフィン部分空間 $\mathrm{AFF}(X)$ の定義は，点 $\boldsymbol{\alpha} \in X$ には無関係であることを示せ.
(b) 部分集合 $(\emptyset \neq)\ X \subset \mathbf{R}^N$ が張るアフィン部分空間 $\mathrm{AFF}(X)$ の次元が $d\,(\geqq 1)$ のとき，X に含まれる有限集合 $\{\boldsymbol{w}_0, \boldsymbol{w}_1, \ldots, \boldsymbol{w}_d\}$ で $\boldsymbol{w}_1 - \boldsymbol{w}_0, \boldsymbol{w}_2 - \boldsymbol{w}_0, \ldots, \boldsymbol{w}_d - \boldsymbol{w}_0$ が $\mathbf{R}$ 上線型独立となるものが存在することを示せ.

凸集合　空でない部分集合 $A \subset \mathbf{R}^N$ が**凸集合**であるとは，A に属する任意の2点 $\boldsymbol{x}$ と $\boldsymbol{y}$ に対して，$\boldsymbol{x}$ と $\boldsymbol{y}$ を結ぶ $\mathbf{R}^N$ の線分

$$\{t\boldsymbol{x} + (1-t)\boldsymbol{y} \mid 0 \leqq t \leqq 1, t \in \mathbf{R}\}$$

が A に含まれるときにいう.

---

*ただし，W が唯一つの点から成る集合のときは W の次元を 0 とする.

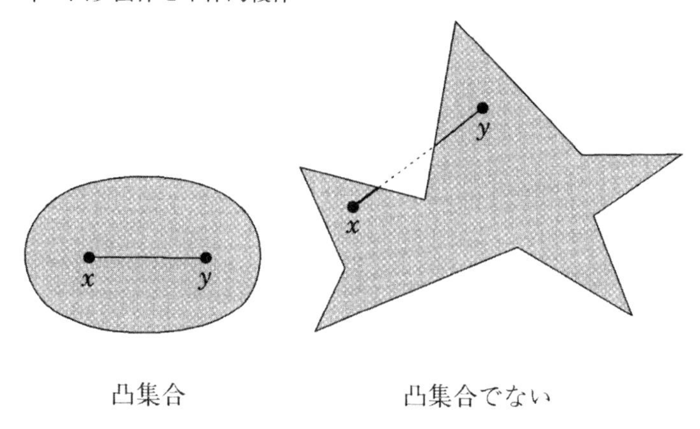

凸集合　　　　凸集合でない

(1.4) 問　**(a)** 空間 $\mathbf{R}^N$ 自身は凸集合であることを示せ．
(b) 空間 $\mathbf{R}^N$ の凸集合から成る空でない族 $\{A_i\}_{i\in I}$ があったとき，$\bigcap_{i\in I} A_i \neq \emptyset$ ならば，$\bigcap_{i\in I} A_i$ も $\mathbf{R}^N$ の凸集合であることを証明せよ．

(1.5) 問　空間 $\mathbf{R}^N$ のアフィン変換 T による凸集合 $A \subset \mathbf{R}^N$ の像 $T(A) = \{T(\boldsymbol{x}) \mid \boldsymbol{x} \in A\}$ は $\mathbf{R}^N$ の凸集合であって，$A \simeq_{\text{homeo}} T(A)$ となることを示せ．

空間 $\mathbf{R}^N$ の空でない任意の部分集合 X が与えられたとき，X を含む $\mathbf{R}^N$ の凸集合のなかで，(包含関係で) 最小なものが存在する．実際，X を含む $\mathbf{R}^N$ のすべての凸集合から成る族を $\mathcal{A} = \{A_i\}_{i\in I}$ とすると，$\mathbf{R}^N$ は $\mathcal{A}$ に属するから，族 $\mathcal{A}$ は空ではない．従って，$\bigcap_{i\in I} A_i$ は X を含む $\mathbf{R}^N$ の凸集合である (問 (1.4) 参照)．他方，$\mathbf{R}^N$ の凸集合 B が X を含むならば，B 自身が $\mathcal{A}$ に属するから $\bigcap_{i\in I} A_i \subset B$ となる．すると，$\bigcap_{i\in I} A_i$ の最小性が従う．この凸集合 $\cap_{i\in I} A_i$ を $\mathrm{CONV}(X)$ で表し，X の**凸閉包**と呼ぶ．

(1.6) 問　右図のように，平面 $\mathbf{R}^2$ の部分集合 X があったとき，X の凸閉包 $\mathrm{CONV}(X)$ を図示せよ．

(1.7) 補題 有限集合 $X=\{\boldsymbol{x}_1,\boldsymbol{x}_2,\ldots,\boldsymbol{x}_v\}\subset\mathbf{R}^N$ の凸閉包は

$$\mathrm{CONV}\,(X)=\left\{\sum_{i=1}^{v}t_i\boldsymbol{x}_i \mid 0\leqq t_i\in\mathbf{R},\sum_{i=1}^{v}t_i=1\right\} \tag{2}$$

である.

証明 等式 (2) の右辺を X' で表す. 一般に, $\mathbf{R}^N$ の凸集合 A に $\boldsymbol{x}_1,\boldsymbol{x}_2,\ldots,\boldsymbol{x}_v$ が属するならば, A は点 $\sum_{i=1}^{v}t_i\boldsymbol{x}_i$ (ただし, $0\leqq t_i\in\mathbf{R},\sum_{i=1}^{v}t_i=1$) を含む. 実際, $t_1\neq 1$ とすると,

$$\sum_{i=1}^{v}t_i\boldsymbol{x}_i=t_1\boldsymbol{x}_1+(1-t_1)\left[\left(\sum_{i=2}^{v}t_i\boldsymbol{x}_i\right)/(1-t_1)\right];$$

$$\sum_{i=2}^{v}t_i=1-t_1$$

であるから, v についての帰納法を使って, $\boldsymbol{x}'_1:=\left(\sum_{i=2}^{v}t_i\boldsymbol{x}_i\right)/(1-t_1)\in A$ である. すると, $\boldsymbol{x}=t_1\boldsymbol{x}_1+(1-t_1)\boldsymbol{x}'_1\in A$ となる. 従って, $\mathrm{CONV}\,(X)\supset X'$ である. 他方, X' は $\mathbf{R}^N$ の凸集合である. 実際, $\boldsymbol{\alpha}=\sum_{i=1}^{v}t_i\boldsymbol{x}_i,\boldsymbol{\beta}=\sum_{i=1}^{v}s_i\boldsymbol{x}_i\in X'$ と実数 $0\leqq t\leqq 1$ があったとき,

$$t\sum_{i=1}^{v}t_i\boldsymbol{x}_i+(1-t)\sum_{i=1}^{v}s_i\boldsymbol{x}_i=\sum_{i=1}^{v}(tt_i+(1-t)s_i)\boldsymbol{x}_i\ ;$$

$$tt_i+(1-t)s_i\geqq 0,\quad 1\leqq i\leqq v\ ;$$

$$\sum_{i=1}^{v}(tt_i+(1-t)s_i)=1$$

であるから $t\boldsymbol{\alpha}+(1-t)\boldsymbol{\beta}\in X'$ となる. さらに, 各々の点 $\boldsymbol{x}_i$ は X' に属するから, $\mathrm{CONV}\,(X)\subset X'$ となる. ▮

凸集合 $A\subset\mathbf{R}^N$ の**次元**とは, A が張る $\mathbf{R}^N$ のアフィン部分空間 $\mathrm{AFF}\,(A)$ の次元であると定義する.

(1.8) 問 空間 $\mathbf{R}^N$ のアフィン変換による凸集合 $A\subset\mathbf{R}^N$ の像を B とするとき, A と B の次元は等しいことを示せ.

さて，$1 \leqq d \leqq N$ のとき，$\mathbf{R}^N$ の d-**球体** $\mathbf{B}^d$ と $(d-1)$-**球面** $\mathbf{S}^{d-1}$ を

$$\begin{aligned}\mathbf{B}^d \quad &= \{(x_1, x_2, \ldots, x_N) \in \mathbf{R}^N \mid \\ &\quad x_1^2 + x_2^2 + \cdots + x_d^2 \leqq 1, x_{d+1} = \cdots = x_N = 0\} \\ \mathbf{S}^{d-1} &= \{(x_1, x_2, \ldots, x_N) \in \mathbf{R}^N \mid \\ &\quad x_1^2 + x_2^2 + \cdots + x_d^2 = 1, x_{d+1} = \cdots = x_N = 0\}\end{aligned}$$

で定義する．

(1.9) 例　**(a)** 空間 $\mathbf{R}^N$ の d-球体 $\mathbf{B}^d$ は次元 d の凸集合である．
(b) 空間 $\mathbf{R}^N$ の $(d-1)$-球面 $\mathbf{S}^{d-1}$ は凸集合ではない．

(1.10) 命題　次元 $d(\geqq 1)$ の凸集合 A は距離空間 $\mathbf{R}^N$ の有界閉集合であると仮定する．このとき，$A \simeq_{\mathrm{homeo}} \mathbf{B}^d$ である．

証明　**(第1段)** 空間 $\mathbf{R}^N$ の原点が A に属するように A を平行移動する．このとき，線型部分空間 $\mathrm{AFF}(A)$ の次元は d であるから，適当な線型変換を施して，$\mathrm{AFF}(A) = \mathbf{R}^d (= \{(x_1, x_2, \ldots, x_N) \in \mathbf{R}^N \mid x_{d+1} = \cdots = x_N = 0\})$ とする*．従って，一般性を失うことなく，$N = d$ と仮定してよい．凸集合 A は d 次元であるから，A に属する $d+1$ 個の点 $\boldsymbol{w}_0, \boldsymbol{w}_1, \ldots, \boldsymbol{w}_d$ で $\boldsymbol{w}_1 - \boldsymbol{w}_0$, $\boldsymbol{w}_2 - \boldsymbol{w}_0$, ..., $\boldsymbol{w}_d - \boldsymbol{w}_0$ が $\mathbf{R}$ 上線型独立であるものが存在する (問 (1.3) 参照)．このとき，空間 $\mathbf{R}^d$ のアフィン変換 T を適当に選ぶと，

$$\begin{aligned}T(\boldsymbol{w}_0) &= (-1, -1, \ldots, -1); \\ T(\boldsymbol{w}_i) &= (0, \ldots, 0, \overset{i}{\breve{1}}, 0, \ldots, 0), \quad 1 \leqq i \leqq d\end{aligned}$$

となる．いま，$T(A)$ は凸集合で，$A \simeq_{\mathrm{homeo}} T(A)$ である (問 (1.5)) から，A の代わりに $T(A)$ を考察してよい．従って，A は空間 $\mathbf{R}^d$ の有界凸閉集合であっ

*問 (1.5) によって，アフィン変換 T による A の像 $T(A)$ は $\mathbf{R}^N$ の凸集合で $A \simeq_{\mathrm{homeo}} T(A)$ となることに注意せよ．

て， $d+1$ 個の点

$$(-1,-1,\ldots,-1),\quad (1,0,\ldots,0),\quad (0,1,0,\ldots,0),\ldots,(0,\ldots,0,1)$$

を含むと仮定する．

(第 2 段) 空間 $\mathbf{R}^d$ の原点は A の内部に属する．換言すると，実数 $\varepsilon > 0$ を十分小さく選べば，$\|\boldsymbol{x}\| < \varepsilon$ を満たす任意の点 $\boldsymbol{x} \in \mathbf{R}^d$ は A に含まれる．実際，補題 (1.7) を使うと，

$$\boldsymbol{y} = (t_1 - t_0, t_2 - t_0, \ldots, t_d - t_0),\quad 0 \leqq t_i \in \mathbf{R},\quad \sum_{i=0}^{d} t_i = 1 \tag{3}$$

と表される点 $\boldsymbol{y} \in \mathbf{R}^d$ は A に含まれる．他方，点 $\boldsymbol{x} = (x_1, x_2, \ldots, x_d)$ が

$$|x_i| < 1/d^3,\quad 1 \leqq i \leqq d$$

を満たせば，点 x は (3) なる表示を持つ．[証明: $d \geqq 2$ とし，$t_0 = -\min(\{x_i \mid x_i < 0\} \cup \{0\})$, $t_i = x_i + t_0$ と置くと，$0 \leqq t_i < 2/d^3$ $(1 \leqq i \leqq d)$ であるから $\sum_{i=0}^{d} t_i < 1/d^3 + 2/d^3 = (1+2d)/d^3 \leqq 1$ となる．このとき，$s > 0$ を適当に選んで $t_i' = t_i + s$ と置けば $\sum_{i=0}^{d} t_i' = 1$ とできる．] 従って，$\|\boldsymbol{x}\| < 1/d^3$ を満たす任意の点 $\boldsymbol{x} \in \mathbf{R}^d$ は A に含まれる．以下，A の内部を $\mathrm{Int}\,(A)$, 境界を $\mathrm{Bd}\,(A)$ で表す．

(第 3 段) 集合 $\mathrm{Int}\,(A) \subset \mathbf{R}^d$ が凸集合であることを示す．そこで，$\mathrm{Int}\,(A)$ に属する点 $\boldsymbol{\alpha}, \boldsymbol{\beta}$ と実数 $0 < t < 1$ があって，$\boldsymbol{\gamma} = (1-t)\boldsymbol{\alpha} + t\boldsymbol{\beta}$ とする．空間 $\mathbf{R}^d$ の十分小さな開集合 F を適当に選ぶと，$\boldsymbol{\alpha} \in F \subset A$ である．すると，A が凸集合であることから，

$$F_t = (1-t)F + t\boldsymbol{\beta} := \{(1-t)\boldsymbol{x} + t\boldsymbol{\beta} \mid \boldsymbol{x} \in F\}$$

は A に含まれる．ところが，F_t は $\boldsymbol{\gamma}$ を含む $\mathbf{R}^d$ の開集合である．従って，点 $\boldsymbol{\gamma}$ は $\mathrm{Int}\,(A)$ に属する．

(第 4 段) 空間 $\mathbf{R}^d$ の任意の点 $\boldsymbol{x} \neq (0,0,\ldots,0)$ に対して，$\boldsymbol{x}$ を通過し，原点を終点とする半直線 $\xi_{\boldsymbol{x}} := \{t\boldsymbol{x} \mid t \geqq 0$ は実数$\}$ を考える．すると，$\xi_{\boldsymbol{x}}$ と $\mathrm{Bd}\,(A)$

は唯一つの点で交わる．実際，$\boldsymbol{y} \in \xi_{\boldsymbol{x}} \cap \mathrm{Bd}(A)$, $\boldsymbol{z} \in \xi_{\boldsymbol{x}} \cap \mathrm{Bd}(A)$, $\boldsymbol{y} \neq \boldsymbol{z}$ と仮定し，$\boldsymbol{y} = t\boldsymbol{x}$, $\boldsymbol{z} = s\boldsymbol{x}$, $0 < t < s$ とする．点 $\boldsymbol{z}$ は $\mathrm{Bd}(A)$ に属するから，$\mathrm{Int}(A)$ の点 $\boldsymbol{z}_n$ から成る数列 $\{\boldsymbol{z}_n\}_{n=0}^{\infty}$ で $\boldsymbol{z}$ に収束するものが存在する．このとき，

$$\boldsymbol{w}_n = (\boldsymbol{y} - (t/s)\boldsymbol{z}_n)/(1 - (t/s))$$

と置くと，

$$\boldsymbol{y} = (1 - (t/s))\boldsymbol{w}_n + (t/s)\boldsymbol{z}_n \tag{4}$$

である．数列 $\{\boldsymbol{w}_n\}_{n=0}^{\infty}$ は原点に収束するから，$\boldsymbol{w}_n \in \mathrm{Int}(A)$ となる $n > 0$ が存在する．凸集合 A の内部 $\mathrm{Int}(A)$ も凸集合であるから，(4) より $\boldsymbol{y} \in \mathrm{Int}(A)$ となり，$\boldsymbol{y} \in \mathrm{Bd}(A)$ に矛盾する．

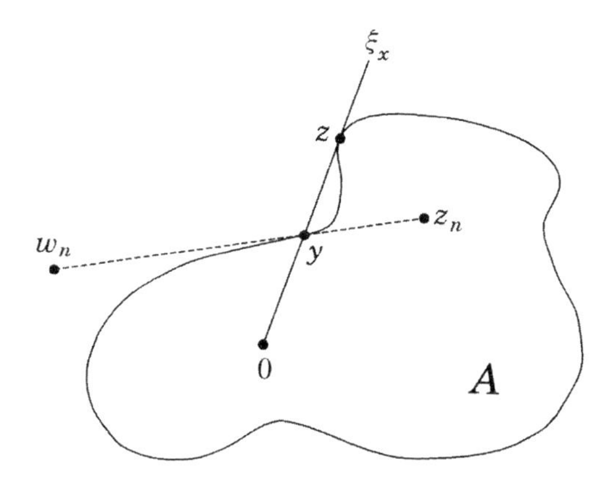

(第5段) 連続写像 $f : \mathbf{R}^d - \{(0, 0, \ldots, 0)\} \to \mathbf{S}^{d-1}$ を $f(\boldsymbol{x}) = \boldsymbol{x}/\|\boldsymbol{x}\|$ で定義する．このとき，f を $\mathrm{Bd}(A)$ に制限すると，全単射 $f|_{\mathrm{Bd}(A)} : \mathrm{Bd}(A) \to \mathbf{S}^{d-1}$ が得られる ((第4段) の結果)．境界 $\mathrm{Bd}(A)$ は有界閉集合であるから，$f|_{\mathrm{Bd}(A)}$ の逆写像 $g : \mathbf{S}^{d-1} \to \mathrm{Bd}(A)$ も連続である (問 (1.11) 参照)．いま，写像 $h : \mathbf{B}^d \to A$ を

$$h(\boldsymbol{x}) = \begin{cases} g\,(\,\boldsymbol{x}/\|\boldsymbol{x}\|\,)\,\|\boldsymbol{x}\| & \boldsymbol{x} \neq (0, \ldots, 0) \text{ のとき} \\ 0 & \boldsymbol{x} = (0, \ldots, 0) \text{ のとき} \end{cases}$$

で定義する．すると，h は全単射であって，任意の点 $\boldsymbol{x} \neq (0, 0, \ldots, 0)$ で連続

である． 他方，原点における h の連続性は $\{\|g(\boldsymbol{x})\| \mid \boldsymbol{x} \in \mathbf{S}^{d-1}\}$ が $\mathbf{R}$ の有界集合であることから従う．さらに，d-球体 $\mathbf{B}^d$ は有界閉集合であるから，h は同相写像である (問 (1.11) 参照)． ∎

(1.11) 問 空間 $\mathbf{R}^N$ の部分集合 A と B があって，A は有界閉集合であると仮定せよ．このとき，連続写像 $f : A \to B$ は閉写像 (すなわち，A の任意の閉集合の f による像は B の閉集合) であることを示せ．

凸多面体 空間 $\mathbf{R}^N$ の部分集合 $\mathcal{P}$ が $\mathbf{R}^N$ の**凸多面体**であるとは，$\mathcal{P} = \mathrm{CONV}(X)$ となる $\mathbf{R}^N$ の有限集合 X が存在するときにいう．凸多面体 $\mathcal{P} \subset \mathbf{R}^N$ の**次元** $\dim \mathcal{P}$ を $\mathcal{P}$ の凸集合としての次元で定義する．

(1.12) 問 任意の凸多面体 $\mathcal{P} \subset \mathbf{R}^N$ は距離空間 $\mathbf{R}^N$ の有界閉集合であることを証明せよ．

空間 $\mathbf{R}^N$ の**超平面**とは，$\mathbf{R}^N$ の部分集合 $\mathcal{H}$ で

$$\mathcal{H} = \left\{ (x_1, x_2, \ldots, x_N) \in \mathbf{R}^N \,\middle|\, \sum_{i=1}^{N} a_i x_i = b \right\}$$

と表されるものである．ここで，各々の a_i と b は実数で，$(a_1, \ldots, a_N) \neq (0, \ldots, 0)$ である．換言すれば，空間 $\mathbf{R}^N$ の超平面とは次元 $N-1$ のアフィン部分空間のことである．超平面 $\mathcal{H} \subset \mathbf{R}^N$ が定める $\mathbf{R}^N$ の 2 つの閉半空間を $\mathcal{H}^{(+)}$ と $\mathcal{H}^{(-)}$ で表す：

$$\mathcal{H}^{(+)} = \left\{ (x_1, x_2, \ldots, x_N) \in \mathbf{R}^N \,\middle|\, \sum_{i=1}^{N} a_i x_i \leqq b \right\};$$

$$\mathcal{H}^{(-)} = \left\{ (x_1, x_2, \ldots, x_N) \in \mathbf{R}^N \,\middle|\, \sum_{i=1}^{N} a_i x_i \geqq b \right\}.$$

すると，$\mathcal{H}^{(+)} \cap \mathcal{H}^{(-)} = \mathcal{H}$ である．

凸多面体 $\mathcal{P} \subset \mathbf{R}^N$ があったとき，超平面 $\mathcal{H} \subset \mathbf{R}^N$ が $\mathcal{P}$ の**支持超平面**であ

るとは，

(i)　$\mathcal{P} \subset \mathcal{H}^{(+)}$ または $\mathcal{P} \subset \mathcal{H}^{(-)}$；

(ii)　$\emptyset \neq \mathcal{P} \cap \mathcal{H} \subsetneqq \mathcal{P}$

なる条件が満たされるときにいう．

凸多面体 $\mathcal{P} \subset \mathbf{R}^N$ の**面**とは，$\mathcal{P} \cap \mathcal{H}$ なる型をした $\mathcal{P}$ の部分集合のことである．ただし，$\mathcal{H}$ は $\mathcal{P}$ の支持超平面である．

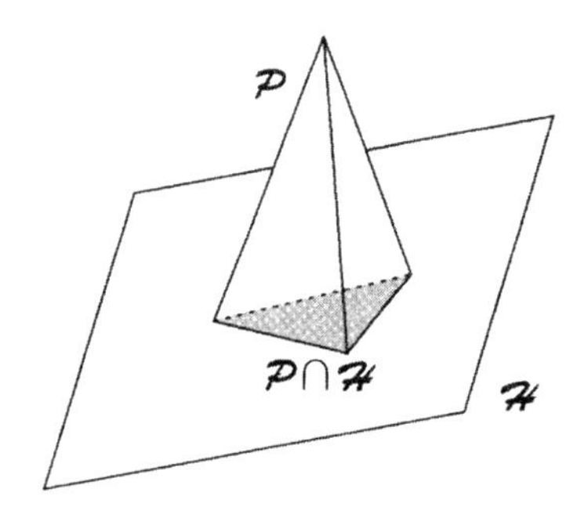

(1.13) 命題　凸多面体 $\mathcal{P} \subset \mathbf{R}^N$ は高々有限個の面を持ち，各々の面は $\mathbf{R}^N$ の凸多面体である．

証明　凸多面体 $\mathcal{P} \subset \mathbf{R}^N$ は有限集合 $\{\boldsymbol{y}_1, \boldsymbol{y}_2, \ldots, \boldsymbol{y}_v\}$ の凸閉包であるとし，$\mathcal{P}$ の超平面 $\mathcal{H}$ の方程式を $\sum_{i=1}^{N} a_i x_i = b$ とする．一般性を失うことなく，$\{\boldsymbol{y}_1, \boldsymbol{y}_2, \ldots, \boldsymbol{y}_j\} \subset \mathcal{H}$ で，さらに，$\boldsymbol{y}_{j+1}, \ldots, \boldsymbol{y}_v$ は開半空間

$$\mathcal{H}^{(-)} - \mathcal{H} = \left\{ (x_1, x_2, \ldots, x_N) \in \mathbf{R}^N \,\middle|\, \sum_{i=1}^{N} a_i x_i > b \right\}$$

に属するとしてよい．すると，$\boldsymbol{a} = (a_1, a_2, \ldots, a_N)$ と置けば，$\langle \boldsymbol{y}_i, \boldsymbol{a} \rangle = b$, $1 \leqq i \leqq j$, である．また，各々の $i = j+1, \ldots, v$ に対して，$\langle \boldsymbol{y}_i, \boldsymbol{a} \rangle = b + \delta_i$ と

なる実数 $\delta_i > 0$ が存在する．補題 (1.7) より，$\mathcal{P}$ に属する任意の点 $\boldsymbol{y}$ は

$$\boldsymbol{y} = \sum_{i=1}^{v} t_i \boldsymbol{y}_i, \quad 0 \leqq t_i \in \mathbf{R}, \quad \sum_{i=1}^{v} t_i = 1$$

なる型の表示を持つ．従って，

$$\begin{aligned} \langle \boldsymbol{y}, \boldsymbol{a} \rangle &= \sum_{i=1}^{v} t_i \langle \boldsymbol{y}_i, \boldsymbol{a} \rangle \\ &= \left(\sum_{i=1}^{v} t_i \right) b + \sum_{i=j+1}^{v} t_i \delta_i \\ &= b + \sum_{i=j+1}^{v} t_i \delta_i \end{aligned}$$

となる．他方，点 $\boldsymbol{y} \in \mathcal{P}$ が $\mathcal{H}$ に属するためには $\langle \boldsymbol{y}, \boldsymbol{a} \rangle = b$ であること，すなわち $\sum_{i=j+1}^{v} t_i \delta_i = 0$ となることが必要十分である．ところが，$\delta_i > 0$, $t_i \geqq 0$ であるから，$\boldsymbol{y} \in \mathcal{P}$ が $\mathcal{H}$ に属するための必要十分条件は $t_{j+1} = \cdots = t_v = 0$ であること，換言すれば

$$\boldsymbol{y} = \sum_{i=1}^{j} t_i \boldsymbol{y}_i, \quad 0 \leqq t_i \in \mathbf{R}, \quad \sum_{i=1}^{j} t_i = 1$$

なる型の表示が存在することである．すると，再び，補題 (1.7) を使って，

$$\mathcal{P} \cap \mathcal{H} = \mathrm{CONV}\left(\{\boldsymbol{y}_1, \boldsymbol{y}_2, \ldots, \boldsymbol{y}_j\}\right) \tag{5}$$

を得る．従って，$\mathcal{P}$ の面 $\mathcal{P} \cap \mathcal{H}$ は $\mathbf{R}^N$ の凸多面体である．

さらに，$\mathcal{P}$ の各々の面は $\{\boldsymbol{y}_1, \boldsymbol{y}_2, \ldots, \boldsymbol{y}_v\}$ の部分集合の $\mathbf{R}^N$ における凸閉包である，という事実は $\mathcal{P}$ の面の個数が高々有限個であることを保証する．∎

命題 (1.13) の証明の過程で得られた結果 (5) は有益である．すなわち，

(1.14) 系　凸多面体 $\mathcal{P} \subset \mathbf{R}^N$ は有限集合 $X \subset \mathbf{R}^N$ の凸閉包であると仮定

し，$\mathcal{H}$ を $\mathcal{P}$ の支持超平面とする．このとき，

$$\mathcal{P} \cap \mathcal{H} = \mathrm{CONV}\,(\mathcal{H} \cap X)$$

である． ∎

凸多面体 $\mathcal{P} \subset \mathbf{R}^N$ の面 $\mathcal{F}$ が $\mathcal{P}$ の ***i*-面**であるとは，$\mathcal{F}$ の (凸多面体としての) 次元が i であるときにいう．凸多面体 $\mathcal{P}$ の頂点とは $\{\boldsymbol{x}\}$ が $\mathcal{P}$ の 0-面となる $\mathcal{P}$ の点 $\boldsymbol{x}$ のことである．凸多面体 $\mathcal{P}$ の頂点全体の集合を $\mathcal{P}$ の**頂点集合**という．さらに，$\mathcal{P}$ の 1-面を $\mathcal{P}$ の**辺**と呼ぶ．他方，$\mathcal{P}$ の次元が d のとき，$\mathcal{P}$ の $(d-1)$-面を $\mathcal{P}$ の **facet** という．便宜上，空集合および $\mathcal{P}$ 自身も，それぞれ，$\mathcal{P}$ の (-1)-面，d-面と考えると都合の良いこともある．

(1.15) 問　凸多面体 $\mathcal{P} \subset \mathbf{R}^N$ が有限集合 X の凸閉包であるとき，$\mathcal{P}$ の任意の頂点は X に属することを示せ．

(1.16) 例　右図の八面体 $(d = 3)$ には，6 個の頂点，12 個の辺，8 個の facet が存在する．

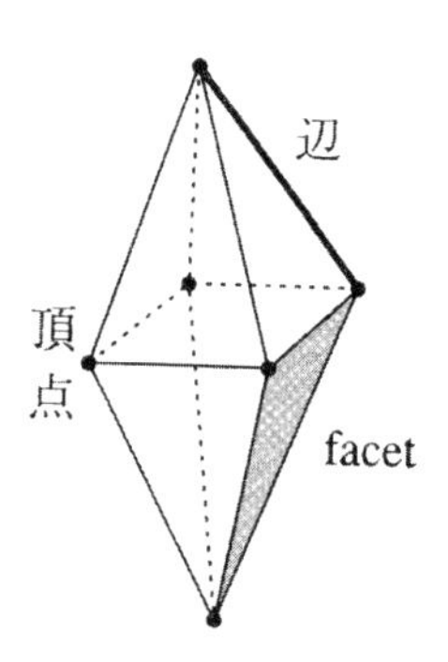

空間 $\mathbf{R}^N$ の凸多面体 $\mathcal{P}$ があったとき，$\mathcal{P}$ に属さない点 $\boldsymbol{x} \in \mathbf{R}^N$ を任意に固定する．凸多面体 $\mathcal{P}$ は $\mathbf{R}^N$ の有界閉集合である (問 (1.12)) から，

$$\|\boldsymbol{x} - \rho(\boldsymbol{x})\| = \inf\{\|\boldsymbol{x} - \boldsymbol{\alpha}\| \mid \boldsymbol{\alpha} \in \mathcal{P}\}$$

を満たす $\rho(\boldsymbol{x}) \in \mathcal{P}$ が存在する*．他方，$\mathcal{P}$ は $\mathbf{R}^N$ の凸集合であるから点 $\rho(\boldsymbol{x}) \in \mathcal{P}$ は一意的に定まる．実際，$\|\boldsymbol{x} - \rho(\boldsymbol{x})\| = \|\boldsymbol{x} - \boldsymbol{y}\|$, $\rho(\boldsymbol{x}) \neq \boldsymbol{y} \in \mathcal{P}$ と

*集合 $A(\subset \mathbf{R})$ の上限を $\sup A$，下限を $\inf A$ で表す．

仮定し， $\boldsymbol{z} = (\rho(\boldsymbol{x}) + \boldsymbol{y})/2$ と置くと，$\|\boldsymbol{x} - \boldsymbol{z}\| < \|\boldsymbol{x} - \rho(\boldsymbol{x})\| (= \|\boldsymbol{x} - \boldsymbol{y}\|)$ である．ところが，$\mathcal{P}$ は凸集合だから $\boldsymbol{z}$ は $\mathcal{P}$ に属し，$\rho(\boldsymbol{x})$ の定義に矛盾する (下図参照).

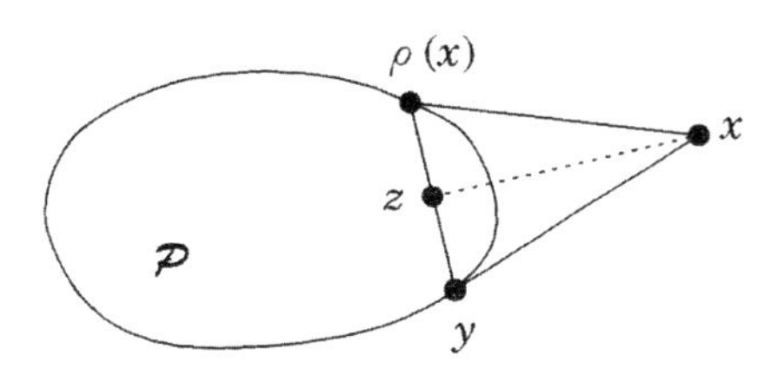

点 $\rho(\boldsymbol{x})$ を通過し，$\boldsymbol{x} - \rho(\boldsymbol{x})$ に直交する $\mathbf{R}^N$ の超平面を $\mathcal{H}(\mathcal{P}; \boldsymbol{x})$ で表す：

$$\mathcal{H}(\mathcal{P}; \boldsymbol{x}) = \{\boldsymbol{y} \in \mathbf{R}^N \mid \langle \boldsymbol{y} - \rho(\boldsymbol{x}), \boldsymbol{x} - \rho(\boldsymbol{x}) \rangle = 0\}.$$

(1.17) 補題　超平面 $\mathcal{H}(\mathcal{P}; \boldsymbol{x})$ が $\mathcal{P} \not\subset \mathcal{H}(\mathcal{P}; \boldsymbol{x})$ を満たすならば，$\mathcal{H}(\mathcal{P}; \boldsymbol{x})$ は $\mathcal{P}$ の支持超平面である.

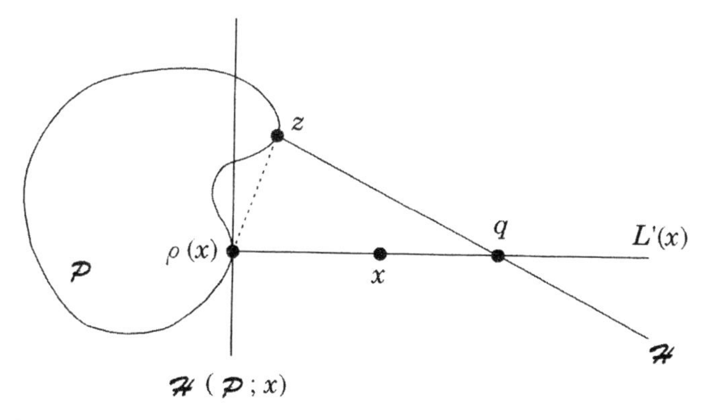

証明　点 $\rho(\boldsymbol{x})$ は $\mathcal{P} \cap \mathcal{H}(\mathcal{P}; \boldsymbol{x})$ に属するから，$\mathcal{P} \cap \mathcal{H}(\mathcal{P}; \boldsymbol{x}) \neq \emptyset$ である．そこで，$\boldsymbol{x} \in \mathcal{H}(\mathcal{P}; \boldsymbol{x})^{(-)}$ として，$\mathcal{P} \subset \mathcal{H}(\mathcal{P}; \boldsymbol{x})^{(+)}$ を示す．閉半空間 $\mathcal{H}(\mathcal{P}; \boldsymbol{x})^{(+)}$ に属さない $\mathcal{P}$ の点 $\boldsymbol{z}$ が存在したと仮定し，$\boldsymbol{z}$ を通過し，$\boldsymbol{z} - \rho(\boldsymbol{x})$ に直交する超平面を $\mathcal{H}$ とする．いま，$\boldsymbol{x}$ と $\rho(\boldsymbol{x})$ を通過する直線

$$L(\boldsymbol{x}) = \{t\rho(\boldsymbol{x}) + (1 - t)\boldsymbol{x} \mid t \in \mathbf{R}\}$$

を考え，

$$L'(\boldsymbol{x}) = L(\boldsymbol{x}) \cap (\mathcal{H}(\mathcal{P};\boldsymbol{x})^{(-)} - \mathcal{H}(\mathcal{P};\boldsymbol{x}))$$

と置く．すると，$\mathcal{H}$ と $L'(\boldsymbol{x})$ 交点 $\boldsymbol{q}$ が存在する．このとき，

$$\|\boldsymbol{q}-\boldsymbol{z}\| < \|\boldsymbol{q}-\rho(\boldsymbol{x})\| = \|\boldsymbol{q}-\rho(\boldsymbol{q})\|$$

となり，矛盾する． ∎

(1.18) 問　補題 (1.17) の証明において

(i)　$\|\boldsymbol{q}-\boldsymbol{z}\| < \|\boldsymbol{q}-\rho(\boldsymbol{x})\|$;

(ii)　$\rho(\boldsymbol{x}) = \rho(\boldsymbol{q})$

が成立することを確かめよ．

(1.19) 命題　凸多面体 $\mathcal{P} \subset \mathbf{R}^N$ の頂点集合を V とすると，$\mathcal{P} = \mathrm{CONV}\,(V)$ である．さらに，$\mathcal{P}$ の面 $\mathcal{F}$ の頂点集合は $V \cap \mathcal{F}$ と一致する．

証明　凸多面体 $\mathcal{P}$ が有限集合 $X = \{\boldsymbol{x}_1, \boldsymbol{x}_2, \ldots, \boldsymbol{x}_v\}$ の $\mathbf{R}^N$ における凸閉包であるとき，$\mathcal{P}$ の任意の頂点は集合 X に属する (問 (1.15))．いま，

$$\mathrm{CONV}\,(X - \{\boldsymbol{x}_i\}) \subsetneqq \mathcal{P}, \quad 1 \leqq i \leqq v$$

を仮定し，各々の $\boldsymbol{x}_i$ が $\mathcal{P}$ の頂点であることを示す．有限集合 $X - \{\boldsymbol{x}_i\}$ の $\mathbf{R}^N$ における凸閉包を $\mathcal{P}_i$ で表す．補題 (1.17) が保証する $\mathcal{P}_i$ の支持超平面 $\mathcal{H}(\mathcal{P}_i;\boldsymbol{x}_i)$ を考え*，$\boldsymbol{x}_i \in \mathcal{H}(\mathcal{P}_i;\boldsymbol{x}_i)^{(-)}$ とする．このとき，$\boldsymbol{x}_1, \ldots, \boldsymbol{x}_{i-1}, \boldsymbol{x}_{i+1}, \ldots, \boldsymbol{x}_v$ は $\mathcal{H}(\mathcal{P}_i;\boldsymbol{x}_i)^{(+)}$ に属する．

---

*$\mathcal{P}_i \subset \mathcal{H}(\mathcal{P}_i;x_i)$ となっても差し障りはない．

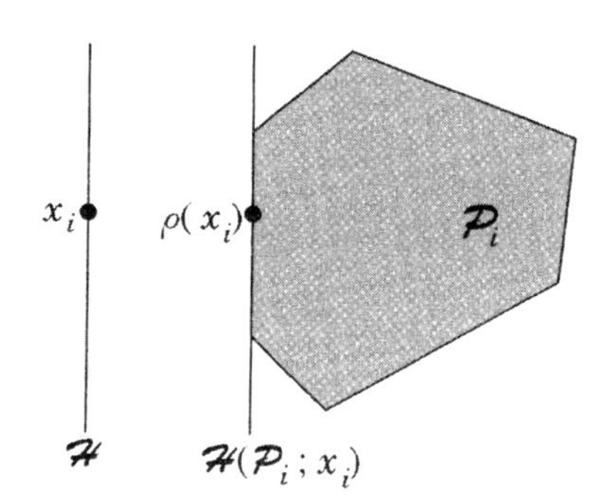

点 $\boldsymbol{x}_i$ を通過し，$\mathcal{H}(\mathcal{P}_i; \boldsymbol{x}_i)$ に平行な超平面を $\mathcal{H}$ とし，$\rho(\boldsymbol{x}_i) \in \mathcal{H}^{(+)}$ とすると，すべての $\boldsymbol{x}_i$ は $\mathcal{H}^{(+)}$ に属する．従って，$\mathcal{H}$ は $\mathcal{P}$ の支持超平面であって，

$$\mathcal{P} \cap \mathcal{H} = \mathrm{CONV}\,(\mathcal{H} \cap X) = \mathrm{CONV}\,(\{\boldsymbol{x}_i\})$$

である (系 (1.14))．換言すれば，点 $\boldsymbol{x}_i$ は $\mathcal{P}$ の頂点である．以上で集合 X が $\mathcal{P}$ の頂点集合 V と一致することが示され，$\mathcal{P} = \mathrm{CONV}\,(V)$ を得る．

さて，$\mathcal{P} = \mathrm{CONV}\,(V)$ であるから，再び系 (1.14) を使って，$\mathcal{P}$ の任意の面 $\mathcal{F}$ に対して，$\mathcal{F} = \mathrm{CONV}\,(V \cap \mathcal{F})$ を知る．ところが，任意の点 $\boldsymbol{x}_i \in V \cap \mathcal{F}$ に対して，

$$\mathrm{CONV}\,((V \cap \mathcal{F}) - \{\boldsymbol{x}_i\}) \subsetneqq \mathcal{F}$$

である．従って，面 $\mathcal{F}$ の頂点集合は $V \cap \mathcal{F}$ である．　▮

(1.20) 問　次元 d の凸多面体 $\mathcal{P} \subset \mathbf{R}^N$ の頂点集合を $V = \{\boldsymbol{x}_1, \boldsymbol{x}_2, \ldots, \boldsymbol{x}_v\}$ とする．このとき，$\{\boldsymbol{x}_2 - \boldsymbol{x}_1, \boldsymbol{x}_3 - \boldsymbol{x}_1, \ldots, \boldsymbol{x}_v - \boldsymbol{x}_1\}$ に含まれる $\mathbf{R}$ 上線型独立な元の個数の最大値は d であることを示せ．

アフィン部分空間 $W \subset \mathbf{R}^N$ があったとき，距離空間 $\mathbf{R}^N$ の部分空間として，W も距離空間である．いま，凸多面体 $\mathcal{P} \subset \mathbf{R}^N$ が張るアフィン部分空間 $\mathrm{AFF}\,(\mathcal{P})$ を考える．このとき，距離空間 $\mathrm{AFF}\,(\mathcal{P})$ に関する $\mathcal{P}$ の境界，内部を

凸多面体 $\mathcal{P}$ の境界，内部と呼び，それぞれ，$\partial\mathcal{P}, \mathcal{P}-\partial\mathcal{P}$ で表す．すると，点 $\boldsymbol{x} \in \mathcal{P}$ が $\mathcal{P}$ の内部に属するためには，$\boldsymbol{x}$ を含む $\mathbf{R}^N$ の開集合 $U_{\boldsymbol{x}}$ を適当に選んで，

$$U_{\boldsymbol{x}} \cap \mathrm{AFF}\,(\mathcal{P}) \subset \mathcal{P}$$

となることが必要十分である．

(1.21) 例　平面 $\mathbf{R}^2$ の多角形 $\mathcal{P}$ を空間 $\mathbf{R}^3$ で考察する．このとき，$\mathcal{P}$ の境界，内部は影響を受けない．

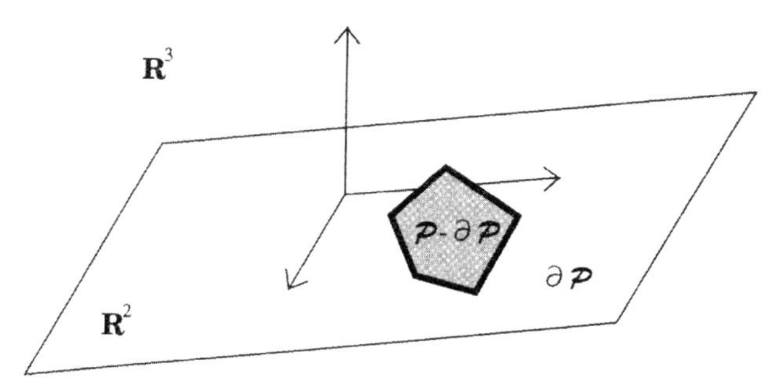

次の命題 (1.22) は命題 (1.10) の証明から直ちに従う．

(1.22) 命題　次元 d の凸多面体 $\mathcal{P} \subset \mathbf{R}^N$ の境界 $\partial\mathcal{P}$ は $(d-1)$ -球面 $\mathbf{S}^{d-1}$ に同相である．　∎

(1.23) 補題　凸多面体 $\mathcal{P} \subset \mathbf{R}^N$ の境界 $\partial\mathcal{P}$ に属する任意の点 $\boldsymbol{y}$ に対して，$\mathcal{P}$ の面 $\mathcal{F}$ で $\boldsymbol{y} \in \mathcal{F}$ となるものが存在する．

証明　空間 $\mathbf{R}^N$ の点 $\boldsymbol{x}$ で $\boldsymbol{y} = \rho(\boldsymbol{x}), \boldsymbol{x} \notin \mathcal{P}$, なるものが存在すれば，補題 (1.17) が適用できる*．実数 $r > 0$ を十分大きく選ぶと，任意の点 $\boldsymbol{z} \in \mathcal{P}$ は $\|\boldsymbol{z}\| < r$ を満たす．いま，空間 $\mathbf{R}^N$ において，原点を中心とする半径 r の球面

$$S = \{\boldsymbol{z} \in \mathbf{R}^N \mid \|\boldsymbol{z}\| = r\}$$

*凸多面体 $\mathcal{P}$ の次元を d とし，$\mathcal{P} \subset \mathbf{R}^d$ とすれば $\mathcal{P} \not\subset \mathcal{H}(\mathcal{P}; x)$ は常に満たされる．

を考える．点 $\boldsymbol{y}$ は $\mathcal{P}$ の境界 $\partial\mathcal{P}$ に属する．すると，任意の整数 $n>0$ が与えられたとき，$\mathcal{P}$ に属さない点 $\boldsymbol{z}_n \in \mathrm{AFF}(\mathcal{P})$ で，条件

$$\|\boldsymbol{z}_n - \boldsymbol{y}\| < 1/n, \quad \|\boldsymbol{z}_n\| < r$$

を満たすものが存在する．補題 (1.17) の記号を踏襲し，

$$L'(\boldsymbol{z}_n) \cap S = \{\boldsymbol{x}_n\}$$

と置く．

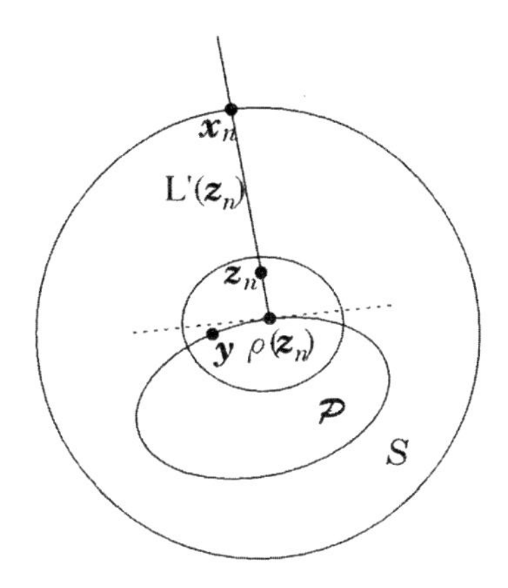

このとき，$\rho(\boldsymbol{z}_n) = \rho(\boldsymbol{x}_n)$ である (問 (1.18) 参照)．他方，

$$\|\rho(\boldsymbol{z}_n) - \boldsymbol{y}\| \leqq \|\boldsymbol{z}_n - \boldsymbol{y}\| < 1/n$$

である．球面 S は距離空間 $\mathbf{R}^N$ の有界閉集合であるから，数列 $\{\boldsymbol{x}_n\}_{n=1}^{\infty}$ は収束部分数列 $\{\boldsymbol{x}_{n_i}\}_{i=1}^{\infty}$ を含む．そこで，$\lim_{i\to\infty} \boldsymbol{x}_{n_i} = \boldsymbol{x} \in S$ と置けば，

$$\rho(\boldsymbol{x}) = \rho(\lim_{i\to\infty} \boldsymbol{x}_{n_i}) = \lim_{i\to\infty} \rho(\boldsymbol{x}_{n_i}) = \lim_{i\to\infty} \rho(\boldsymbol{z}_{n_i}) = \boldsymbol{y}$$

を得る． ∎

(1.24) 問　補題 (1.23) の証明において

(i)　$\|\rho(\boldsymbol{z}_n) - \boldsymbol{y}\| \leqq \|\boldsymbol{z}_n - \boldsymbol{y}\|$;

(ii)　$\rho(\lim_{i\to\infty} \boldsymbol{x}_{n_i}) = \lim_{i\to\infty} \rho(\boldsymbol{x}_{n_i})$

が成立することを確かめよ．

(1.25) 系　空間 $\mathbf{R}^N$ の凸多面体 $\mathcal{P}$ の境界 $\partial\mathcal{P}$ は $\mathcal{P}$ の面全体の $\mathbf{R}^N$ における和集合と一致する．

証明　凸多面体 $\mathcal{P} \subset \mathbf{R}^N$ の支持超平面 $\mathcal{H}$ があったとき，$\mathcal{P} \subset \mathcal{H}^{(+)}$ または $\mathcal{P} \subset \mathcal{H}^{(-)}$ であるから，$\mathcal{P}$ の面 $\mathcal{P} \cap \mathcal{H}$ は $\mathcal{P}$ の境界に含まれる．他方，$\mathcal{P}$ の境界に属する任意の点 $\boldsymbol{y}$ に対して，$\boldsymbol{y} \in \mathcal{F}$ となる $\mathcal{P}$ の面 $\mathcal{F}$ が存在する (補題 (1.23))．従って，$\mathcal{P}$ の境界は $\mathcal{P}$ の面全体の $\mathbf{R}^N$ における和集合と一致する．▮

(1.26) 補題　凸多面体 $\mathcal{P} \subset \mathbf{R}^N$ の頂点集合を $\{\boldsymbol{x}_1, \boldsymbol{x}_2, \ldots, \boldsymbol{x}_v\}$ とするとき，$\mathcal{P}$ の点 $\boldsymbol{x}$ が $\mathcal{P}$ の内部 $\mathcal{P} - \partial\mathcal{P}$ に属するための必要十分条件は，

$$\boldsymbol{x} = \sum_{i=1}^{v} t_i \boldsymbol{x}_i, \quad 0 < t_i \in \mathbf{R}, \quad \sum_{i=1}^{v} t_i = 1 \tag{6}$$

なる型の表示が存在することである．

証明　**(十分性)** 系 (1.25) を適用する．凸多面体 $\mathcal{P}$ の点 $\boldsymbol{x}$ に対して，(6) なる型の表示の存在を仮定する．このとき，$\mathcal{P}$ の任意の面 $\mathcal{F}$ に対して，$\boldsymbol{x} \notin \mathcal{F}$ を示す．空間 $\mathbf{R}^N$ の超平面

$$\mathcal{H} = \{\boldsymbol{z} \in \mathbf{R}^N \mid \langle \boldsymbol{a}, \boldsymbol{z} \rangle = b\}, \quad \boldsymbol{a} \in \mathbf{R}^N, \quad b \in \mathbf{R}$$

が $\mathcal{P}$ の支持超平面であって，$\mathcal{P} \subset \mathcal{H}^{(-)}, \mathcal{P} \cap \mathcal{H} = \mathcal{F}$ であるとし，簡単のため，

$$\mathcal{H} \cap \{\boldsymbol{x}_1, \boldsymbol{x}_2, \ldots, \boldsymbol{x}_v\} = \{\boldsymbol{x}_1, \boldsymbol{x}_2, \ldots, \boldsymbol{x}_s\}$$

と置く．ただし，$1 \leqq s < v$ である．このとき，$\langle \boldsymbol{a}, \boldsymbol{x}_i \rangle = b$ ($1 \leqq i \leqq s$ のとき)；$\langle \boldsymbol{a}, \boldsymbol{x}_i \rangle > b$ ($s < j \leqq v$ のとき) であるから，

$$\langle \boldsymbol{a}, \boldsymbol{x} \rangle = \sum_{i=1}^{v} t_i \langle \boldsymbol{a}, \boldsymbol{x}_i \rangle > b \sum_{i=1}^{v} t_i = b$$

となる．すると，$\boldsymbol{x}$ は $\mathcal{F}$ に属さない．従って，$\boldsymbol{x} \notin \partial\mathcal{P}$ である．

(必要性) 凸多面体 $\mathcal{P}$ の点 $\boldsymbol{x}$ は $\mathcal{P}$ の内部 $\mathcal{P} - \partial\mathcal{P}$ に属すると仮定し，

$$\boldsymbol{z} = (1/v)(\boldsymbol{x}_1 + \boldsymbol{x}_2 + \cdots + \boldsymbol{x}_v)$$

と置く．既に証明した (十分性) の結果より $\boldsymbol{z} \in \mathcal{P} - \partial\mathcal{P}$ である．いま，$\boldsymbol{x} \neq \boldsymbol{z}$ とすると，点 $\boldsymbol{y} \in \mathcal{P}$ と実数 $0 < t < 1$ で

$$\boldsymbol{x} = (1-t)\boldsymbol{y} + t\boldsymbol{z}$$

となるものが存在する．このとき，

$$\boldsymbol{y} = \sum_{i=1}^{v} s_i \boldsymbol{x}_i, \quad 0 \leqq s_i \in \mathbf{R}, \quad \sum_{i=1}^{v} s_i = 1$$

とすれば，

$$\boldsymbol{x} = \sum_{i=1}^{v} ((1-t)s_i + t(1/v))\boldsymbol{x}_i$$

となる．ところが，

$$0 < (1-t)s_i + t(1/v) \in \mathbf{R}, \quad \sum_{i=1}^{v} ((1-t)s_i + t(1/v)) = 1$$

であるから，望む表示 (6) を得る． ∎

我々は，有限集合の凸閉包として凸多面体を定義した．他方，次の命題 (1.27) によって，凸多面体とは有限個の閉半空間の共通部分として表される有界集合である，と換言できる．

(1.27) 命題　**(a)** 空間 $\mathbf{R}^N$ の (有限個の) 閉半空間 $\mathcal{H}_i^{(+)}$, $1 \leqq i \leqq n$, があって，それらの共通部分 $\bigcap_{1 \leqq i \leqq n} \mathcal{H}_i^{(+)}$ は $\mathbf{R}^N$ の (空でない) 有界集合であると仮定する．このとき，$\bigcap_{1 \leqq i \leqq n} \mathcal{H}_i^{(+)}$ は $\mathbf{R}^N$ の凸多面体である．

(b) 凸多面体 $\mathcal{P} \subset \mathbf{R}^n$ の facet の全体を $\mathcal{F}_1, \mathcal{F}_2, \ldots, \mathcal{F}_n$ とする．いま，各々の $\mathcal{F}_i$ に $\mathcal{P} \bigcap \mathcal{H}_i = \mathcal{F}_i$ となる $\mathcal{P}$ の支持超平面 $\mathcal{H}_i$ を対応させ，$\mathcal{P} \subset \mathcal{H}_i^{(+)}$ とする．このとき，$\mathcal{P} = \bigcap_{1 \leqq i \leqq n} \mathcal{H}_i^{(+)}$ である．

証明　(a) 集合 $\mathcal{Q} := \bigcap_{1 \leqq i \leqq n} \mathcal{H}_i^{(+)}$ は $\mathbf{R}^N$ の有界凸閉集合である．凸集合 $\mathcal{Q}$ の次元を d とする．命題 (1.10) の証明の (第1段) を参照すると，$d = N$ と仮定してよい．いま，$\mathcal{F}_j = \mathcal{H}_j \cap \mathcal{Q}$ と置くと，$\mathcal{F}_j = \mathcal{Q} \cap \mathcal{H}_j^{(-)}$ である．従って，有界集合 $\mathcal{F}_j$ は有限個の閉半空間の共通部分で，その次元は高々 $d-1$ である*．次元についての帰納法を使うと，$\mathcal{F}_j$ は有限集合 V_j の凸閉包 $\mathrm{CONV}(V_j)$ であるとしてよい．そこで，$V = \bigcup_{1 \leqq j \leqq n} V_j$ と置くと，$V \subset \mathcal{Q}$ であって，$\mathcal{Q}$ は凸集合だから，$\mathrm{CONV}(V) \subset \mathcal{Q}$ となる．他方，有界閉集合 $\mathcal{Q}$ の (距離空間 $\mathbf{R}^d$ における) 境界 $\mathrm{Bd}(\mathcal{Q})$ は

$$\mathrm{Bd}(\mathcal{Q}) = \bigcup_{j=1}^{n} \mathcal{F}_j$$

であるから，$\mathrm{Bd}(\mathcal{Q}) \subset \mathrm{CONV}(V)$ である．さて，$\mathcal{Q}$ の内部 $\mathrm{Int}(\mathcal{Q})$ に属する任意の点 $\boldsymbol{x}$ を通過する直線 L を考えると，命題 (1.10) の証明の (第4段) の議論より，L と $\mathrm{Bd}(\mathcal{Q})$ は2点 $\boldsymbol{y}, \boldsymbol{z}$ で交わり，$\boldsymbol{x} \in \mathrm{CONV}(\{\boldsymbol{y}, \boldsymbol{z}\})$ である．ところが，$\boldsymbol{y}$ と $\boldsymbol{z}$ は $\mathrm{CONV}(V)$ に属する点であるから，$\boldsymbol{x}$ も $\mathrm{CONV}(V)$ に含まれる．すると，$\mathrm{Int}(\mathcal{Q}) \subset \mathrm{CONV}(V)$ となる．従って，$\mathcal{Q} = \mathrm{Bd}(\mathcal{Q}) \cup \mathrm{Int}(\mathcal{Q}) \subset \mathrm{CONV}(V)$ である．

(b) 凸多面体 $\mathcal{P} \subset \mathbf{R}^N$ の次元を d とし，簡単のため $d = N$ とする．まず，包含関係 $\mathcal{P} \subset \bigcap_{1 \leqq i \leqq n} \mathcal{H}_i^{(+)}$ は明白である．そこで，$\bigcap_{1 \leqq i \leqq n} \mathcal{H}_i^{(+)}$ に属する点 $\boldsymbol{x}$ で，$\boldsymbol{x} \notin \mathcal{P}$ なるものが存在したと仮定する．凸多面体 $\mathcal{P}$ の頂点集合を V とし，$\#(Y) \leqq d-1$ を満たす V の部分集合 Y にアフィン部分空間 $\mathrm{AFF}(\{\boldsymbol{x}\} \cup Y)$ を対応させ，それら全体の和集合 ($\subset \mathbf{R}^d$) を W で表す：

$$W = \bigcup_{\substack{Y \subset V \\ \#(Y) \leqq d-1}} \mathrm{AFF}(\{\boldsymbol{x}\} \cup Y).$$

凸多面体 $\mathcal{P}$ の次元は d であるから，$\mathcal{P} - \partial\mathcal{P} \not\subset W$ である．すると，$\boldsymbol{y} \notin W$ となる点 $\boldsymbol{y} \in \mathcal{P} - \partial\mathcal{P}$ が存在する．他方，$\boldsymbol{x} \notin \mathcal{P}$ であるから，$\boldsymbol{x}$ と $\boldsymbol{y}$ を結ぶ線分と $\mathcal{P}$ の境界 $\partial\mathcal{P}$ は唯一つの点 $\boldsymbol{z}$ で交わる．このとき，$\boldsymbol{z}$ を含む $\mathcal{P}$ の j-面，$0 \leqq j \leqq d-2$ は存在しない．[証明：$\boldsymbol{z}$ が $\mathcal{P}$ の j-面 $\mathcal{F}$ に属すれば，$\#(Y) = j+1$

---

*$\mathcal{F}_j = \emptyset$ も有り得る．

となる部分集合 $Y \subset V$ で，$\boldsymbol{z} \in \mathrm{CONV}(Y)$ となるものが存在する (問 (1.28) 参照)．従って，$\boldsymbol{z} \in W$ となる．すると，$\boldsymbol{z} \in \mathrm{AFF}(\{\boldsymbol{x}\} \cup Y)$ となる $Y \subset V$, $\#(Y) \leqq d-1$ が存在する．このとき，$\boldsymbol{y} \in \mathrm{AFF}(\{\boldsymbol{x}\} \cup Y) \subset W$ となり，矛盾する．] 他方，系 (1.25) は $\boldsymbol{z} \in \mathcal{F}$ となる $\mathcal{P}$ の面 $\mathcal{F}$ の存在を保証する．従って，点 $\boldsymbol{z}$ は $\mathcal{P}$ のある facet $\mathcal{F}_i = \mathcal{P} \cap \mathcal{H}_i$ に属する．このとき，$\boldsymbol{y} \in \mathcal{P} - \partial\mathcal{P} \subset \mathcal{H}_i^{(+)}$ であるから，$\boldsymbol{x} \in \mathcal{H}_i^{(-)} - \mathcal{H}$ となり，$\boldsymbol{x} \in \bigcap_{1 \leqq i \leqq n} \mathcal{H}_i^{(+)}$ に矛盾する． ∎

(1.28) 問　次元 d の凸多面体 $\mathcal{P} \subset \mathbf{R}^N$ に属する任意の点 $\boldsymbol{x}$ に対して，$\mathcal{P}$ の $d+1$ 個の頂点 $\boldsymbol{y}_0, \boldsymbol{y}_1, \ldots, \boldsymbol{y}_d$ を適当に選べば，$\boldsymbol{x} \in \mathrm{CONV}(\{\boldsymbol{y}_0, \boldsymbol{y}_1, \ldots, \boldsymbol{y}_d\})$ となることを証明せよ．[ヒント：点 $\boldsymbol{x}$ が $\mathrm{CONV}(\{\boldsymbol{z}_1, \ldots, \boldsymbol{z}_r\})$ に属するように $\mathcal{P}$ の頂点 $\boldsymbol{z}_1, \ldots, \boldsymbol{z}_r$ を選ぶと，補題 (1.7) によって，$\boldsymbol{x} = \sum_{i=1}^{r} t_i \boldsymbol{z}_i (*)$, $0 \leqq t_i \in \mathbf{R}$, $\sum_{i=1}^{r} t_i = 1$ である．いま，$r > d+1$ とすると，$\boldsymbol{z}_2 - \boldsymbol{z}_1, \boldsymbol{z}_3 - \boldsymbol{z}_1, \ldots, \boldsymbol{z}_r - \boldsymbol{z}_1$ は線型従属である．このとき，(*) の表示から，いずれかの $\boldsymbol{z}_i$ を消去できる．]

(1.29) 問　空間 $\mathbf{R}^N$ の凸多面体 $\mathcal{P}$ の境界 $\partial\mathcal{P}$ は $\mathcal{P}$ の facet 全体の $\mathbf{R}^N$ における和集合と一致することを示せ．

(1.30) 補題　凸多面体 $\mathcal{P} \subset \mathbf{R}^N$ の面 $\mathcal{F}$ と $\mathcal{F}'$ があって，$\mathcal{F} \subset \mathcal{F}'$ であると仮定する．このとき，$\mathcal{F}$ は $\mathcal{F}'$ の面である．

証明　凸多面体 $\mathcal{P}$ の支持超平面 $\mathcal{H}$ が $\mathcal{P} \cap \mathcal{H} = \mathcal{F}$ を満たすとき，$\mathcal{H}$ は凸多面体 $\mathcal{F}'$ の支持超平面でもあり，$\mathcal{H} \cap \mathcal{F}' = \mathcal{F}$ となる．従って，$\mathcal{F}$ は $\mathcal{F}'$ の面である． ∎

(1.31) 問　凸多面体 $\mathcal{P} \subset \mathbf{R}^N$ の面 $\mathcal{F}$ と $\mathcal{F}'$ があって，$\mathcal{F} \subsetneqq \mathcal{F}'$ であるとする．このとき，$\dim \mathcal{F} < \dim \mathcal{F}'$ を示せ．

(1.32) 命題　**(a)** 凸多面体 $\mathcal{P} \subset \mathbf{R}^N$ の面 $\mathcal{F}_1$ があったとき，$\mathcal{F}_1$ の任意の面 $\mathcal{F}_2$ も $\mathcal{P}$ の面である．
(b) 凸多面体 $\mathcal{P} \subset \mathbf{R}^N$ の面 $\mathcal{F}_1$ と $\mathcal{F}_2$ があったとき，$\mathcal{F}_1 \cap \mathcal{F}_2$ は $\mathcal{P}$ の面である．

(c) 凸多面体 $\mathcal{P} \subset \mathbf{R}^N$ の任意の面 $\mathcal{F}'$ は $\mathcal{P}$ の適当な facet $\mathcal{F}$ の面である．

証明　**(a)** 一般性を失うことなく，$d = N$ と仮定してよい．空間 $\mathbf{R}^N$ の適当な平行移動を施し，$\mathcal{P}$ の原点が $\mathcal{F}_2$ に属するようにする．凸多面体 $\mathcal{P}$ の支持超平面

$$\mathcal{H}_1 = \{\boldsymbol{x} \in \mathbf{R}^d \mid \langle \boldsymbol{a}_1, \boldsymbol{x} \rangle = 0\}, \quad \boldsymbol{a}_1 \in \mathbf{R}^d$$

を選んで

$$\mathcal{F}_1 = \mathcal{P} \cap \mathcal{H}_1, \quad \mathcal{P} \subset \mathcal{H}_1^{(-)}$$

とする．他方，空間 $\mathcal{H}_1$ における $\mathcal{F}_1$ の支持超平面

$$\mathcal{H}_2 = \{x \in \mathcal{H}_1 \mid \langle \boldsymbol{a}_2, \boldsymbol{x} \rangle = 0\}, \quad \boldsymbol{a}_2 \in \mathcal{H}_1$$

を選んで，

$$\mathcal{F}_2 = \mathcal{F}_1 \cap \mathcal{H}_2, \quad \mathcal{F}_1 \subset \mathcal{H}_2^{(-)}$$

とする．

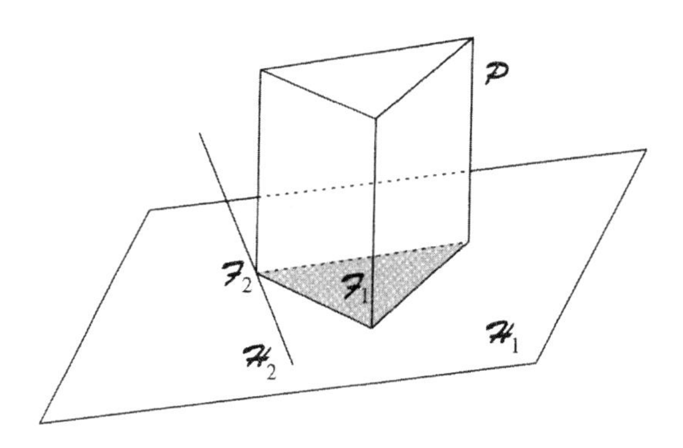

実数 η に対して，空間 $\mathbf{R}^d$ の超平面 $\mathcal{H}(\eta)$ を

$$\mathcal{H}(\eta) = \{\boldsymbol{x} \in \mathbf{R}^d \mid \langle \eta\boldsymbol{a}_1 + \boldsymbol{a}_2, \boldsymbol{x} \rangle = 0\}$$

で定義すると，$\mathcal{H}(\eta) \supset \mathcal{H}_2 \supset \mathcal{F}_2$ が任意の η で成立する．このとき，η を適当

に選ぶと

$$\mathcal{F}_2 = \mathcal{P} \cap \mathcal{H}(\eta), \quad \mathcal{P} \subset \mathcal{H}(\eta)^{(-)}$$

となることを示す．まず，$\mathcal{P}, \mathcal{F}_1, \mathcal{F}_2$ の頂点集合を，それぞれ，V, V_1, V_2 で表す．いま，

$$\eta > \min\{-\langle \boldsymbol{w}, \boldsymbol{a}_2 \rangle / \langle \boldsymbol{w}, \boldsymbol{a}_1 \rangle \mid \boldsymbol{w} \in V - V_1\}$$

となる実数 η を固定すると

(i)　$\boldsymbol{w} \in V - V_1$ ならば $\langle \eta \boldsymbol{a}_1 + \boldsymbol{a}_2,\ \boldsymbol{w} \rangle > 0$;

(ii)　$\boldsymbol{w} \in V_1 - V_2$ ならば $\langle \eta \boldsymbol{a}_1 + \boldsymbol{a}_2,\ \boldsymbol{w} \rangle = \langle \boldsymbol{a}_2, \boldsymbol{w} \rangle > 0$;

(iii)　$\boldsymbol{w} \in V_2$ ならば $\langle \eta \boldsymbol{a}_1 + \boldsymbol{a}_2,\ \boldsymbol{w} \rangle = 0$

である．換言すると，V_2 に属する任意の点は $\mathcal{H}(\eta)$ に含まれ，$V - V_2$ に属する任意の点は $\mathcal{H}(\eta)^{(-)} - \mathcal{H}(\eta)$ に含まれる．従って，超平面 $\mathcal{H}(\eta)$ は $\mathcal{P}$ の支持超平面であって，$\mathcal{P} \cap \mathcal{H}(\eta) = \mathcal{F}_2$ を満たす．

(b) まず，$\mathcal{F}_1 \cap \mathcal{F}_2 \neq \emptyset$ を仮定し，$\mathcal{F} = \mathcal{F}_1 \cap \mathcal{F}_2$ と置く．空間 $\mathbf{R}^N$ の適当な平行移動を施し，$\mathbf{R}^N$ の原点が $\mathcal{F}$ に属するようにする．凸多面体 $\mathcal{P}$ の支持超平面

$$\mathcal{H}_i = \{\boldsymbol{x} \in \mathbf{R}^d \mid \langle \boldsymbol{a}_i, \boldsymbol{x} \rangle = 0\}, \quad \boldsymbol{a}_i \in \mathbf{R}^d$$

を選んで，

$$\mathcal{F}_i = \mathcal{P} \cap \mathcal{H}_i, \quad \mathcal{P} \subset \mathcal{H}_i^{(+)}$$

とする $(i = 1, 2)$．次に，$\boldsymbol{a} = \boldsymbol{a}_1 + \boldsymbol{a}_2$ とし，$\mathbf{R}^N$ の超平面

$$\mathcal{H} = \{\boldsymbol{x} \in \mathbf{R}^d \mid \langle \boldsymbol{a}, \boldsymbol{x} \rangle = 0\}$$

を考えると，$\mathcal{P} \subset \mathcal{H}^{(+)}, (0, 0, \ldots, 0) \in \mathcal{P} \cap \mathcal{H}$ である．すると，超平面 $\mathcal{H}$ は $\mathcal{P}$ の支持超平面であって，$\mathcal{F} \subset \mathcal{P} \cap \mathcal{H}$ は明白である．他方，任意の点 $\boldsymbol{x} \in \mathcal{P} \cap \mathcal{H}$ は

$$\langle \boldsymbol{a}, \boldsymbol{x} \rangle = 0, \quad \langle \boldsymbol{a}_i, \boldsymbol{x} \rangle \leqq 0 \quad (i = 1, 2)$$

を満たすから，$\langle \boldsymbol{a}_i, \boldsymbol{x} \rangle = 0\ (i = 1, 2)$ となり，$\boldsymbol{x} \in \mathcal{F}$ である．従って，$\mathcal{F} = \mathcal{P} \cap \mathcal{H}$ となり，$\mathcal{F}$ は $\mathcal{P}$ の面である．

(c) 点 $\boldsymbol{x} \in \mathcal{P}$ が面 $\mathcal{F}'$ の内部 $\mathcal{F}' - \partial\mathcal{F}'$ に属するならば，$\boldsymbol{x} \in \mathcal{F}' \subset \partial\mathcal{P}$ である (系 (1.25)) から，$\boldsymbol{x} \in \mathcal{F}$ となる facet $\mathcal{F}$ が存在する (問 (1.29))． いま，$\mathcal{P} \cap \mathcal{H} = \mathcal{F}$ となる $\mathcal{P}$ の支持超平面 $\mathcal{H}$ を考えると，$\mathcal{F}' \subset \mathcal{H}$ である．[証明: 点 $\boldsymbol{y} \in \mathcal{F}'$ が $\mathcal{H}$ に属さないと仮定すると，$\boldsymbol{x} \in \mathcal{F}' - \partial\mathcal{F}'$ であるから，$\boldsymbol{x}$ と $\boldsymbol{y}$ を結ぶ直線 L は

$$L \cap \mathcal{F}' \cap (\mathcal{H}^{(+)} - \mathcal{H}) \neq \emptyset, \quad L \cap \mathcal{F}' \cap (\mathcal{H}^{(-)} - \mathcal{H}) \neq \emptyset$$

を満たす．すると，$\mathcal{H}$ が $\mathcal{P}$ の支持超平面であることに矛盾する．] 従って，$\mathcal{F}'$ は $\mathcal{F}$ に含まれるから，補題 (1.30) より，$\mathcal{F}'$ は $\mathcal{F}$ の面である． ∎

(1.33) 問　次元 d の凸多面体 $\mathcal{P} \subset \mathbf{R}^N$ の任意の i-面 $\mathcal{F}$ があったとき，$\mathcal{P}$ の面の列

$$\emptyset = \mathcal{F}_{-1} \subsetneqq \mathcal{F}_0 \subsetneqq \cdots \subsetneqq \mathcal{F}_{i-1} \subsetneqq \mathcal{F}_i (= \mathcal{F}) \subsetneqq \mathcal{F}_{i+1} \cdots \subsetneqq \mathcal{F}_{d-1} \subsetneqq \mathcal{F}_d = \mathcal{P}$$

で，$\dim \mathcal{F}_j = j$, $-1 \leqq j \leqq d$ となるものが存在することを示せ．

§2.　単体的複体と半順序集合

空間 $\mathbf{R}^N$ の**多面体的複体**とは，$\mathbf{R}^N$ の凸多面体の有限集合 Γ で次の条件を満たすものである：

(i)　凸多面体 $\mathcal{P}$ が Γ に属するならば，$\mathcal{P}$ の任意の面も Γ に属する；

(ii)　凸多面体 $\mathcal{P}, \mathcal{Q}$ が Γ に属するならば，$\mathcal{P} \cap \mathcal{Q}$ は $\mathcal{P}$ の面であるとともに $\mathcal{Q}$ の面でもある (すると，$\mathcal{P} \cap \mathcal{Q}$ も Γ に属する)．

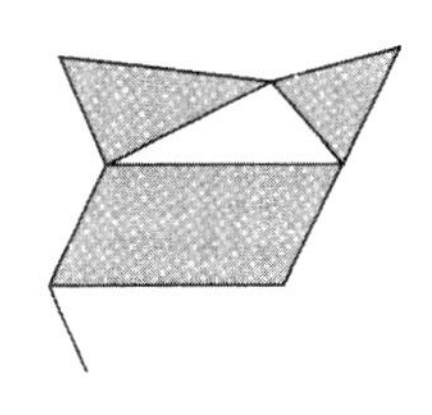

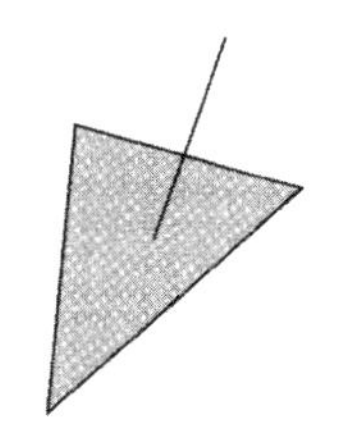

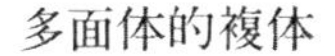

多面体的複体　　　多面体的複体でない

多面体的複体 Γ に属する凸多面体 $\mathcal{P}$ を Γ の**面**と呼ぶ．特に，$\mathcal{P} \in \Gamma$ の次元が i のとき $\mathcal{P}$ を ***i*-面**という．また，Γ に属する凸多面体 $\mathcal{P}$ の頂点を Γ の**頂点**，Γ の 1-面を Γ の**辺**，Γ の頂点全体の集合を**頂点集合**と呼ぶ．多面体的複体 Γ の**次元** $\dim \Gamma$ を

$$\dim \Gamma = \max\{\dim \mathcal{P} \mid \mathcal{P} \in \Gamma\}$$

で定義する．他方，空間 $\mathbf{R}^N$ の多面体的複体 Γ の**幾何学的実現** $|\Gamma|$ とは，$\mathbf{R}^N$ の部分集合

$$\bigcup_{\mathcal{P} \in \Gamma} \mathcal{P} \quad (\subset \mathbf{R}^N)$$

のことである．

(2.1) 問　**(a)** 空間 $\mathbf{R}^N$ の次元 d の多面体的複体 Γ で $|\Gamma| \simeq_{\mathrm{homeo}} \mathbf{B}^d$ となるものを構成せよ．

(b) 空間 $\mathbf{R}^N$ の次元 $d-1$ の多面体的複体 Γ で $|\Gamma| \simeq_{\mathrm{homeo}} \mathbf{S}^{d-1}$ となるものを構成せよ．

次元 d の凸多面体 $\mathcal{P} \subset \mathbf{R}^N$ の頂点の個数が $d+1$ であるとき，$\mathcal{P}$ を ***d*-単体**と呼ぶ．

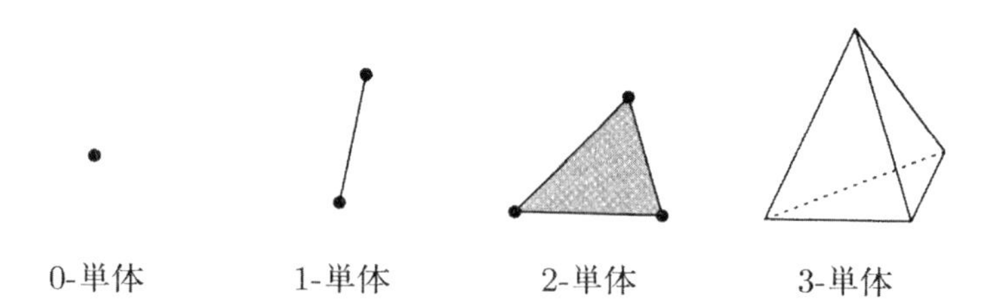

(2.2) 問　(a) 次元 d の凸多面体 $\mathcal{P} \subset \mathbf{R}^N$ の頂点の個数は少なくとも $d+1$ であることを示せ．

(b) d-単体の頂点を $\boldsymbol{x}_0, \boldsymbol{x}_1, \ldots, \boldsymbol{x}_d$ とするとき，$\boldsymbol{x}_1 - \boldsymbol{x}_0, \boldsymbol{x}_2 - \boldsymbol{x}_0, \ldots, \boldsymbol{x}_d - \boldsymbol{x}_0$ は $\mathbf{R}$ 上線型独立であることを示せ．

(c) 空間 $\mathbf{R}^N$ の $d+1$ 個の点 $\boldsymbol{x}_0, \boldsymbol{x}_1, \ldots, \boldsymbol{x}_d$ があって $\boldsymbol{x}_1 - \boldsymbol{x}_0, \boldsymbol{x}_2 - \boldsymbol{x}_0, \ldots, \boldsymbol{x}_d - \boldsymbol{x}_0$ が $\mathbf{R}$ 上線型独立であるとき，有限集合 $\{\boldsymbol{x}_0, \boldsymbol{x}_1, \ldots, \boldsymbol{x}_d\}$ の凸閉包は $\mathbf{R}^N$ の d-単体であることを示せ．

(d) d-単体の任意の i-面は i-単体であることを示せ．また，d-単体の i-面の個数を計算せよ．

次元 d の多面体的複体 Γ が**純**であるとは，Γ の面で (包含関係) で極大なものの次元がすべて d であるときにいう．

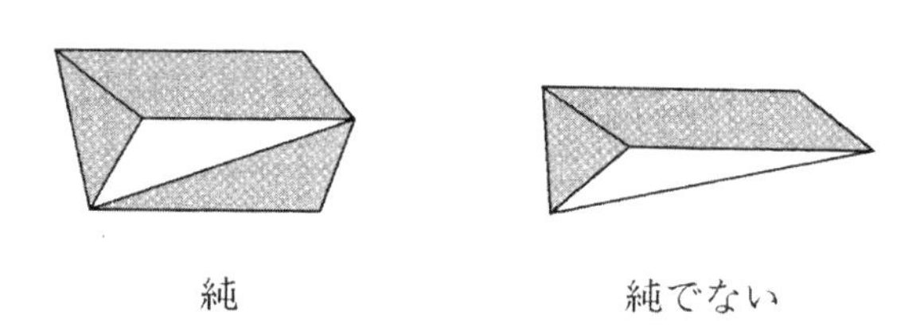

空間 $\mathbf{R}^N$ の**単体的複体***とは，$\mathbf{R}^N$ の多面体的複体 Δ であって，Δ に属する任意の面 σ が単体であるときにいう．

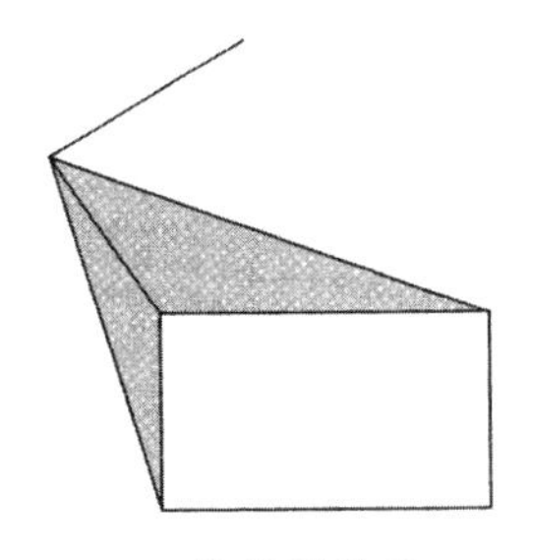

単体的複体

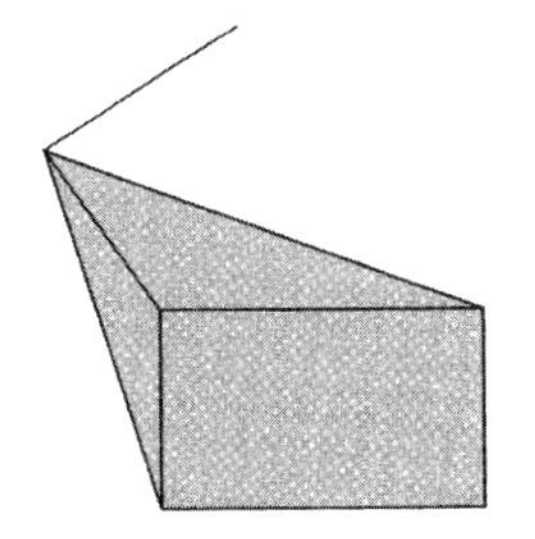

単体的でない多面体的複体

他方，凸多面体 $\mathcal{P} \subset \mathbf{R}^N$ の任意の面 $\mathcal{F}(\subsetneqq \mathcal{P})$ が単体であるとき，$\mathcal{P}$ を**単体的凸多面体**と呼ぶ．

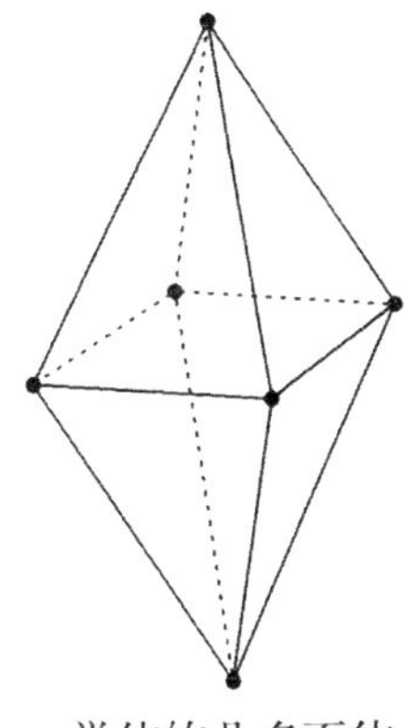

単体的凸多面体

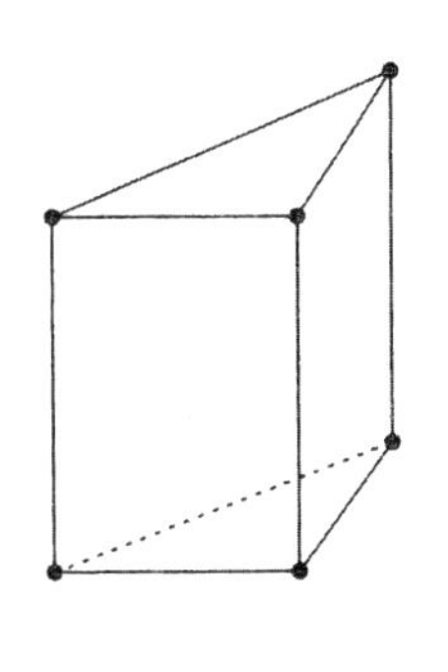

単体的でない凸多面体

次元 d の単体的凸多面体 $\mathcal{P} \subset \mathbf{R}^N$ があったとき，$\mathcal{P}$ の面 $\mathcal{F}(\subsetneqq \mathcal{P})$ の全体の集合を $\Delta(\mathcal{P})$ で表す．すると，補題 (1.30)，命題 (1.32) と問 (1.33) は $\Delta(\mathcal{P})$ が $\mathbf{R}^N$ の純な単体的複体であることを保証し，$\dim \Delta(\mathcal{P}) = d-1$ である．さらに，$|\Delta(\mathcal{P})| = \partial\mathcal{P} \simeq_{\text{homeo}} \mathbf{S}^{d-1}$ となる (命題 (1.22)，系 (1.25))．単体的凸多

*本書では，いわゆる "抽象的" 単体的複体は考察しない．また，単体的複体 Δ の面は $\sigma, \tau, \ldots$ で表す．

面体 $\mathcal{P}$ に付随する単体的複体 $\Delta(\mathcal{P})$ を $\mathcal{P}$ の**境界複体**と呼ぶ．

半順序集合　集合 P 上の関係 $\leqq$ が次の条件を満たすとき，$\leqq$ を P の**半順序**と呼ぶ：任意の $x, y, z \in P$ に対して

(i)　$x \leqq x$ (反射律)；

(ii)　$x \leqq y, y \leqq x$ ならば $x = y$ (反対称律)；

(iii)　$x \leqq y, y \leqq z$ ならば $x \leqq z$ (推移律)．

半順序 $\leqq$ を備えた集合 P を**半順序集合**という．記号を簡略化し，$x \leqq y$ かつ $x \neq y$ を $x < y$ で表し，$x \not\leqq y$ かつ $y \not\leqq x$ を $x \not\sim y$ で表す*．また $x \not\sim y$ のとき，x と y は P で**比較不可能**であるという．我々の考察の対象となる半順序集合は，すべて有限 (すなわち，P は有限集合) である．

有限半順序集合を表示する際には，いわゆる **Hasse 図形**が便利である．たとえば，有限集合 $P = \{x, y, z, u, w\}$ の半順序を $x < z$, $y < z$, $y < u < w$ (厳密には，$x \leqq x$, $y \leqq y$, $z \leqq z$, $u \leqq u$, $w \leqq w$, $x \leqq z$, $y \leqq z$, $y \leqq u$, $y \leqq w$, $u \leqq w$) とすると，右図の Hasse 図形を持つ半順序集合が構成できる．

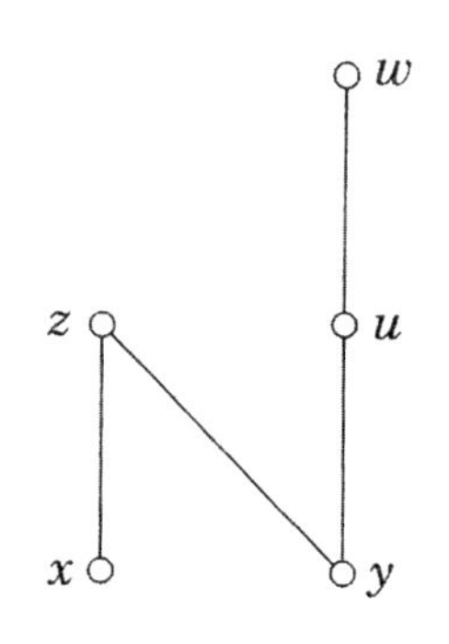

(2.3) 例　整数 $n > 0$ を固定し，集合 $\{1, 2, \ldots, n\}$ の部分集合の全体 B_n に包含関係で半順序 $\leqq$ を定義する．すなわち，$\{1, 2, \ldots, n\}$ の部分集合 X と Y があって，$X \subset Y$ であるとき (かつそのときに限り) B_n で $X \leqq Y$ と定義する．

*$x \leqq y$ の否定を $x \not\leqq y$ で表す．

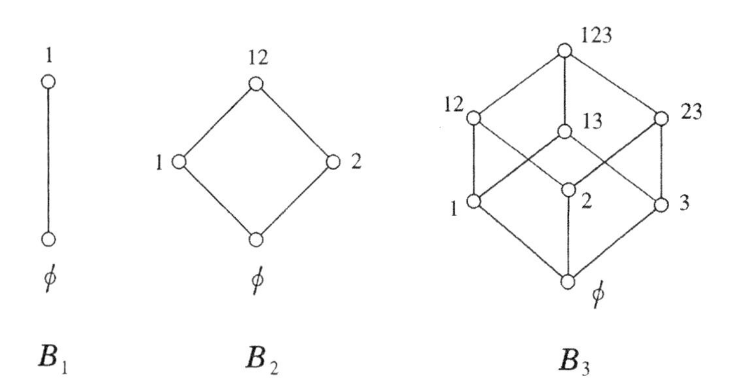

$\boldsymbol{B}_1$　　$\boldsymbol{B}_2$　　$\boldsymbol{B}_3$

(2.4) 問　半順序集合 B_4 の Hasse 図形を描け.

空間 $\mathbf{R}^N$ の多面体的複体 Γ があったとき, Γ の面 (空集合 $\emptyset$ も含む) の全体に包含関係で半順序を定義した半順序集合を $P(\Gamma)$ で表す.

(2.5) 例

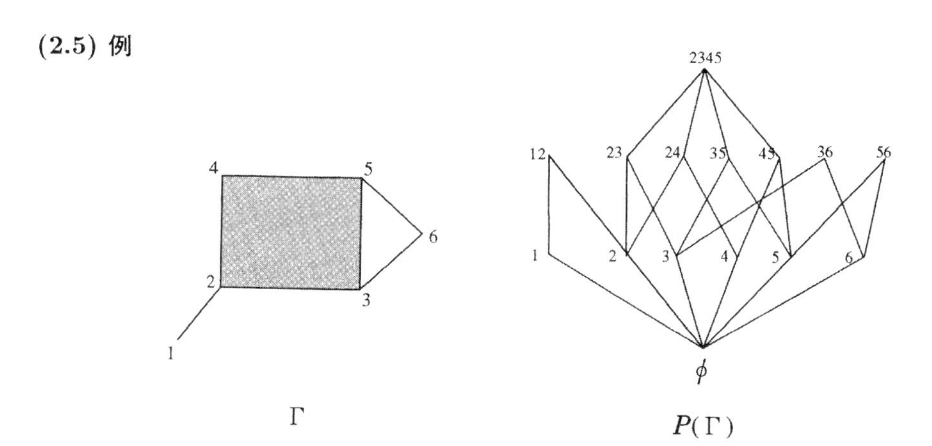

Γ　　$\boldsymbol{P}(\Gamma)$

(2.6) 問　空間 $\mathbf{R}^N$ の多面体的複体 Γ で $P(\Gamma)$ が B_d と一致するものを例示せよ.

(2.7) 問　八面体 $\mathcal{P}$ の境界複体 $\Delta(\mathcal{P})$ に付随する半順序集合 $P(\Delta(\mathcal{P}))$ の Hasse 図形を描け.

多面体的複体 Γ と Γ' の**組合せ論型が一致する**とは, $P(\Gamma)$ と $P(\Gamma')$ が半順序集合として同型であるときにいう. すなわち, 全単射 $\psi : P(\Gamma) \to P(\Gamma')$ で条件「$P(\Gamma')$ で $\psi(\alpha) \leqq \psi(\beta)$ が成立するためには $P(\Gamma)$ で $\alpha \leqq \beta$ が成立することが必要十分である」を満たすものが存在するときにいう.

(2.8) 問　多面体的複体 Γ と Γ' の組合せ論型が一致するとき, (i) $\dim \Gamma = \dim \Gamma'$; (ii) Γ が純ならば Γ' も純 ; (iii) Γが単体的複体ならば Γ' も単体的複体である, を証明せよ.

§3.　*f*-列と *h*-列

空間 $\mathbf{R}^N$ における次元 $d-1$ の多面体的複体 Γ があったとき, $f_i = f_i(\Gamma)$ で Γ の i-面の個数を表し, $0 \leqq i \leqq d-1$, 数列

$$f(\Gamma) = (f_0, f_1, \ldots, f_{d-1})$$

を Γ の ***f*-列**と呼ぶ.

(3.1) 問　多面体的複体 Γ と Γ' の組合せ論型が一致するならば, $f(\Gamma) = f(\Gamma')$ であることを示せ.

(3.2) 例　下図の多面体的複体 Γ と Γ' の f-列は $f(\Gamma) = f(\Gamma') = (4, 4, 1)$ であるが, Γ と Γ' の組合せ論型は一致しない.

Γ　　　　　　Γ'

次元 $d-1$ の多面体的複体 Γ の f-列が $f(\Gamma)=(f_0,f_1,\ldots,f_{d-1})$ であるとき，$f_{-1}=1$ と置き，整数 $h_i=h_i(\Gamma)$, $0\leqq i\leqq d$, を公式

$$\sum_{i=0}^{d} f_{i-1}(x-1)^{d-i}=\sum_{i=0}^{d} h_i x^{d-i} \tag{7}$$

で定義する．数列 $h(\Gamma)=(h_0,h_1,\ldots,h_d)$ は Γ の **h-列**と呼ばれる．多面体的複体の f-列を知ることと h-列を知ることは同値である．従って，原理的には，f-列の代わりに h-列を考察しても差し障りはない．読者は h-列の定義をいささか人為的に感じるかもしれないが，この h-列がいかに自然で偉力のある概念かということは，後に第 3 章で納得することができるであろう．

(3.3) 問　f-列と h-列について，次の関係式が成立することを確かめよ．

(i)　$h_0=1$;

(ii)　$h_1=f_0-d$;

(iii)　$h_0+h_1+\cdots+h_d=f_{d-1}$;

(iv)　$h_d=(-1)^{d-1}[-f_{-1}+f_0-f_1+\cdots+(-1)^{d-1}f_{d-1}]$.

ところで，公式 (7) の左辺を展開して h-列を求めるには，下記のように計算するのが好都合である．たとえば，$d=3$ とすると

$$\begin{aligned}
&(x-1)^3+f_0(x-1)^2+f_1(x-1)+f_2\\
&=\{(x-1)+f_0\}(x-1)^2+f_1(x-1)+f_2\\
&=\{x+(f_0-1)\}(x-1)^2+f_1(x-1)+f_2\\
&=[\{x+(f_0-1)\}(x-1)+f_1](x-1)+f_2\\
&=\{x^2+(f_0-2)x+(f_1-f_0+1)\}(x-1)+f_2\\
&=x^3+\{(f_0-2)-1\}x^2+\{(f_1-f_0+1)-(f_0-2)\}x\\
&\qquad+\{f_2-(f_1-f_0+1)\}\\
&=x^3+(f_0-3)x^2+(f_1-2f_0+3)x+(f_2-f_1+f_0-1)
\end{aligned}$$

である．このとき，～～～の部分に注目して

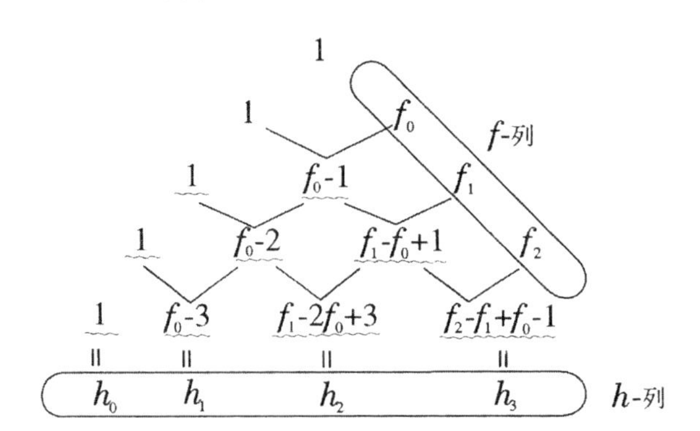

のように上段から下段へ順番に計算すればよい．ただし，$\overset{a\quad b}{\underset{c}{\vee}}$ は $c = b - a$ なる差を表示する．

(3.4) 例　例 (2.5) の多面体的複体 Γ では，$d = 3$, $f(\Gamma) = (6, 7, 1)$ であって，$h(\Gamma) = (1, 3, -2, -1)$ となる．

(3.5) 例　$d = 4$, $f(\Gamma) = (7, 21, 21, 7)$ とすると，$h(\Gamma) = (1, 3, 6, -4, 1)$ である．

1
1　7
1　6　21
1　5　15　21
1　4　10　6　7

1　3　6　−4　1

(3.6) 問　**(a)** d-単体の境界複体の f-列と h-列を計算せよ．
(b) $f(\Delta) = (4, 5, 2)$ となる 2 次元単体的複体 Δ を例示せよ．他方，$f(\Delta) = (4, 5, 3)$ となる 2 次元単体的複体 Δ は存在しないことを証明せよ．

(c) 八面体 $\mathcal{P}$ の境界複体 $\Delta(\mathcal{P})$ の f-列と h-列を計算せよ.

(d) $|\Gamma| \simeq_{\text{homeo}} \mathbf{S}^2$ となる多面体的複体 Γ で $h(\Gamma) = (1, 3, 0, 1)$ となるものを構成せよ.

(e) $|\Gamma| \simeq_{\text{homeo}} \mathbf{S}^2$ となる多面体的複体 Γ で $h(\Gamma) = (1, 5, -1, 1)$ となるものを構成せよ.

第2章　Cohen-Macaulay 環

組合せ論に応用するための可換代数 (特に，Cohen-Macaulay 環) の理論をNoether 正規化定理を基礎にして編成することが本章の目的である．環と加群の初歩を除き，古典的なイデアル論の予備知識は仮定せず self-contained に話を進める．

§4.　次数付可換代数

体 k 上の線型空間 A に次の条件を満たす乗法が定義されているとき，A を**可換 k-代数**と呼ぶ：任意の $x, y, z \in A$ と任意の $\alpha \in k$ に対して

(i)　$xy = yx$;

(ii)　$x(yz) = (xy)z$;

(iii)　$x(y+z) = xy + xz$;

(iv)　$\alpha(xy) = (\alpha x)y = x(\alpha y)$.

可換 k-代数が**次数付 k-代数** (以下，k を省略して次数付代数) であるとは，A が線型空間としての直和分解

$$A = A_0 \bigoplus A_1 \bigoplus A_2 \bigoplus \cdots$$

を持ち，条件

(i)　$A_0 = k$;

(ii)　$A_iA_j \subset A_{i+j} \quad (i,j=0,1,2,\cdots)$

が満たされるときにいう．部分空間 A_n に属する元 x は**次数** n の**斉次元**と呼ばれ，$\deg x = n$ と書く．特に，$\deg 0$ は任意とする．

次数付代数 $A=\bigoplus_{n\geqq 0} A_n$ が**有限生成**であるとは，有限個の斉次元 $y_1, y_2, \ldots, y_v$ (**生成系**と呼ぶ) が存在して，k 上の線型空間として

$$\{y_1^{a_1}y_2^{a_2}\cdots y_v^{a_v};\ 0\leqq a_i\in \mathbf{Z},\ 1\leqq i\leqq v\}$$

が A を張るときにいう．

(4.1) 例　体 k 上の (可換な) 変数 $x_1, x_2, \ldots, x_v$ があったとき，$R=k[x_1, x_2, \ldots, x_v]$ で k 上の v-変数多項式環を表す．いま，$\deg x_i = e_i\ (>0), 1\leqq i\leqq v$, を任意に固定し，単項式 $x_1^{a_1}x_2^{a_2}\cdots x_v^{a_v}$ の次数を $\sum_{i=1}^n a_ie_i$ で定義する*．このとき，次数 n の単項式の全体が張る k 上の線型空間 R_n で表すと，$R=\bigoplus_{n\geqq 0} R_n$ は $x_1, x_2, \ldots, x_v$ を生成系とする有限生成次数付代数となる．

次数付代数 $A=\bigoplus_{n\geqq 0} A_n$ の**次数付イデアル**とは，A の線型部分空間 I で，条件

(i)　$x\in A, y\in I$ ならば $xy\in I$；

(ii)　$I=\bigoplus_{n\geqq 0}(I\cap A_n)$

を満たすものをいう．

(4.2) 問　次数付イデアルの条件 (ii) は次の条件 (ii′) で置き換えてもよいことを示せ：

(ii′)　非負整数 n と $a_i\in A_i\ (0\leqq i\leqq n)$ があって $a_0+a_1+\cdots+a_i\in I$ であるならば，各々の a_i は I に属する．

*さらに，多項式 $f(x_1, x_2, \ldots, x_v)$ の次数を $f(x_1, x_2, \ldots, x_v)$ に現れる単項式の次数の最大値で定義する．

(4.3) 問 次数付代数 $A = \bigoplus_{n \geqq 0} A_n$ の斉次元 $z_1, z_2, \ldots, z_s$ があったとき,

$$I = \left\{ \sum_{i=1}^{s} x_i z_i \mid x_i \in A,\ 1 \leqq i \leqq s \right\}$$

は A の次数付イデアルとなることを示せ. この I を $z_1, z_2, \ldots, z_s$ が生成する A の次数付イデアルと呼び,

$$I = (z_1, z_2, \ldots, z_s)$$

で表す.

次数付代数 $A = \bigoplus_{n \geqq 0} A_n$ の線型部分空間 $B = \bigoplus_{n \geqq 0} B_n$ (ただし, $B_n \subset A_n$, $n = 0, 1, 2, \cdots$) があって, $B_0 = k$, $B_i B_j \subset B_{i+j}$ $(i, j = 0, 1, 2, \cdots)$ を満たすとき, B は A と同じ乗法で次数付代数となり, A の**次数付部分代数**と呼ばれる.

他方, 次数付代数 $A = \bigoplus_{n \geqq 0} A_n$ とその次数付イデアル $I = \bigoplus_{n \geqq 0} I_n$ $(\subsetneqq A)$ (ただし, $I_n = I \cap A_n, n = 0, 1, 2, \cdots$) があったとき, 線型商空間 A_n/I_n の直和 $\bigoplus_{n \geqq 0} (A_n/I_n)$ に乗法を次のように定義する. すなわち, $f \in A_i$, $g \in A_j$ の属する A_i/I_i, A_j/I_j の剰余類を $\overline{f}$, $\overline{g}$ とするとき*, $\overline{f}\,\overline{g} = \overline{fg} \in A_{i+j}/I_{i+j}$ とする. この乗法は well-defined であって, $\bigoplus_{n \geqq 0} (A_n/I_n)$ は次数付代数となる. この次数付代数 $\bigoplus_{n \geqq 0} (A_n/I_n)$ を A/I で表し, A の I による**次数付商代数**と呼ぶ.

(4.4) 問 次数付代数 A が有限生成で I が A の次数付イデアルのとき, 次数付商代数 A/I も有限生成となることを示せ.

本章で考察する次数付代数 $A = \bigoplus_{n \geqq 0} A_n$ はすべて有限生成であると仮定する.

---

*誤解が生じない限り, 通常, $\overline{f}$ を単に f で表す.

(4.5) 定理 (Hilbert 基底定理)　有限生成次数付代数 $A = \bigoplus_{n \geqq 0} A_n$ の次数付イデアル I があったとき，有限個の斉次元 $z_1, z_2, \ldots, z_s$ で $I = (z_1, z_2, \ldots, z_s)$ となるものが存在する．

証明　(第 1 段) 次数付代数 $A = \bigoplus_{n \geqq 0} A_n$ が例 (4.1) の多項式環 $R = k[x_1, x_2, \ldots, x_v]$ のときに定理 (4.5) を証明する．

まず，$v = 1$, $R = k[x]$ とする．次数付代数 R のイデアル $I \neq (0)$ があったとき，I に属する多項式 $f(x) \neq 0$ でその次数が最小のものを選ぶ．このとき，問 (4.2) より $f(x)$ は R の斉次元であって，しかも $I = (f(x))$ となる．実際，任意の $p(x) \in I$ を取ると，剰余の定理によって $p(x) = q(x)f(x) + r(x)$ となる $q(x), r(x) \in R$ で ($r(x)$ の次数) $<$ ($f(x)$ の次数) となるものが存在する．すると，$r(x) = p(x) - q(x)f(x) \in I$ だから，$f(x)$ の次数の最小性より $r(x) = 0$, 従って $p(x) = q(x)f(x)$ を得る．

次に，$v \geqq 2$ とし，変数の個数 v に関する帰納法を使う．いま，$S = k[x_1, x_2, \ldots, x_{v-1}]$ を R の次数付部分代数とし，簡単のため，x_v を x で表す．さて，R の次数付イデアル I があったとき，任意の整数 $m \geqq 0$ に対して，$g \in S$ で条件「$gx^m + q_1 x^{m-1} + \cdots + q_m \in I$ となる $q_1, \ldots, q_m \in S$ が存在する」を満たすもの全体の集合を $\mathcal{A}(m)$ で表す．このとき，$\mathcal{A}(m)$ は S の次数付イデアルであって

$$\mathcal{A}(0) \subset \mathcal{A}(1) \subset \cdots \subset \mathcal{A}(m) \subset \mathcal{A}(m+1) \subset \cdots$$

となる．すると，

$$\mathcal{A} := \bigcup_{m=0}^{\infty} \mathcal{A}(m)$$

も S の次数付イデアルであるから，帰納法の仮定によって，S の斉次元 $r_1, r_2, \cdots, r_t$ で $\mathcal{A} = (r_1, r_2, \cdots r_t)$ となるものが存在する．十分大きい $m > 0$ を固定すると，$r_i \in \mathcal{A}(m)$, $1 \leqq i \leqq t$，であるから，$\mathcal{A} = \mathcal{A}(m)$ となり

$$\mathcal{A}(m) = \mathcal{A}(m+1) = \mathcal{A}(m+2) = \cdots .$$

を得る．再び帰納法の仮定で，各々の $i=0,1,\ldots,m$ に対して，S の有限個の斉次元 $r_{i_1},r_{i_2},\cdots$ が存在し

$$\mathcal{A}(i)=(r_{i_1},r_{i_2},\cdots)$$

となる．さて，各々の r_{i_j} に対して，斉次元 $f_{i_j}\in I$ で

$$f_{i_j}=r_{i_j}x^i+q_1x^{i-1}+\cdots+q_i$$

となるものを選ぶ．ここで，$q_1,\ldots,q_i$ は S に属する斉次元である．このとき，

$$I=(\{f_{i_j}\mid i=0,1,\ldots,m;\ j=1,2,\cdots\})$$

を示す．実際，I の任意の元

$$f=gx^\ell+q_1x^{\ell-1}+\cdots+q_\ell\quad(g,q_1,\ldots,q_\ell\in S)$$

があったとき，$g\in\mathcal{A}(\ell)$ である．いま，$\ell'=\min\{\ell,m\}$ と置くと $g\in\mathcal{A}(\ell')$ だから

$$g=s_{\ell'_1}r_{\ell'_1}+s_{\ell'_2}r_{\ell'_2}+\cdots$$

となる S の元 $s_{\ell'_1},s_{\ell'_2},\cdots$ が存在する．すると，

$$f-(s_{\ell'_1}f_{\ell'_1}+s_{\ell'_2}f_{\ell'_2}+\cdots)x^{\ell-\ell'}\in I$$

の変数 x に関する次数は f の (変数 x に関する) 次数よりも小さくなる．従って，この操作を繰り返して施すと $f\in(\{f_{i_j}\}_{i,\ j})$ に到達する．

(第 2 段) 一般の有限生成次数付代数 $A=\bigoplus_{n\geqq 0}A_n$ があったとき，その生成系 $y_1,y_2,\ldots,y_v$ を固定する．例 (4.1) の v-変数多項式環 $R=k[x_1,x_2,\ldots,x_v]$ で $\deg x_i=\deg y_i\geqq 1,\ 1\leqq i\leqq v$, と置き，写像 $\psi:R\to A$ を

$$\psi(g(x_1,x_2,\ldots,x_v))=g(y_1,y_2,\ldots,y_v),\quad g\in R$$

で定義する．いま，I が A の次数付イデアルのとき，

$$J=\psi^{-1}(I):=\{g\in R\mid\psi(g)\in I\}$$

は R の次数付イデアルとなる．従って，(第1段) の結果より $J = (g_1, g_2, \ldots, g_s)$ となる R の有限個の斉次元 $g_1, g_2, \ldots, g_s$ が存在する．このとき，

$$I = (\psi(g_1), \psi(g_2), \ldots, \psi(g_s))$$

を確かめるのは容易である． ∎

§5. Hilbert 函数と Hilbert 級数

次数付代数 $A = \bigoplus_{n \geqq 0} A_n$ があったとき，線型空間 A_n の体 $k(= A_0)$ 上の (線型空間としての) 次元 $\dim_k A_n$ を $H(A, n)$ で表す：

$$H(A, n) = \dim_k A_n, \quad n = 0, 1, 2, \cdots.$$

我々は，次数付代数 $A = \bigoplus_{n \geqq 0} A_n$ は常に有限生成であると仮定している．すると，$\dim_k A_n < \infty$ である．函数 $H(A, n)$ は A の **Hilbert 函数**と呼ばれる．

他方，数列 $\{H(A, n)\}_{n=0}^{\infty}$ の母函数を $F(A, \lambda)$ で表し，A の **Hilbert 級数**と呼ぶ．すなわち，

$$F(A, \lambda) = \sum_{n=0}^{\infty} H(A, n) \lambda^n$$

である．ここで，$F(A, \lambda)$ は変数 λ の形式的ベキ級数である．

(5.1) 問　例 (4.1) の多項式環 $R = k[x_1, x_2, \ldots, x_v]$ において，すべての変数 x_i の次数が $\deg x_i = e_i = 1$ のとき，

$$H(R, n) = \binom{v + n - 1}{n} = \binom{v + n - 1}{v - 1}, \quad n = 0, 1, 2, \cdots$$

であることを示せ．

形式的ベキ級数について馴染みの薄い読者のために，簡単な補足を加えよう．変数を λ とする整数係数の形式的ベキ級数とは，整数の数列 $\{a_n\}_{n=0}^{\infty}$ に付随

する形式的無限和

$$f(\lambda) = \sum_{n=0}^{\infty} a_n \lambda^n$$

のことであって，$f(\lambda)$ は数列 $\{a_n\}_{n=0}^{\infty}$ の母函数とも呼ばれる．そのような形式的ベキ級数の全体を $\mathbf{Z}[\![\lambda]\!]$ で表し，$\mathbf{Z}[\![\lambda]\!]$ に加法と乗法を次のように定義する．すなわち，$f(\lambda) = \sum_{n=0}^{\infty} a_n \lambda^n$, $g(\lambda) = \sum_{n=0}^{\infty} b_n \lambda^n \in \mathbf{Z}[\![\lambda]\!]$ のとき，

$$\begin{aligned} f(\lambda) + g(\lambda) &= \sum_{n=0}^{\infty} (a_n + b_n) \lambda^n \\ f(\lambda) g(\lambda) &= \sum_{n=0}^{\infty} \left(\sum_{i=0}^{n} a_i b_{n-i} \right) \lambda^n \end{aligned}$$

である．簡単のため，$a_{n+1} = a_{n+2} = \cdots = 0$ のとき，$\sum_{n=0}^{\infty} a_n \lambda^n$ を $a_0 + a_1 \lambda + \cdots + a_n \lambda^n$ と表す．このとき，$\mathbf{Z}[\![\lambda]\!]$ は 1 を単位元とする可換環となる．

(5.2) 補題 形式的ベキ級数 $f(\lambda) = \sum_{n=0}^{\infty} a_n \lambda^n$ が $\mathbf{Z}[\![\lambda]\!]$ の単元 (可逆元) となるためには，$a_0 = \pm 1$ であることが必要十分である．

証明 まず，$f(\lambda)$ の逆元が存在したと仮定し，$g(\lambda) = f(\lambda)^{-1} = \sum_{n=0}^{\infty} b_n \lambda^n$ と置く．すると，$f(\lambda) g(\lambda) = 1$ より $a_0 b_0 = 1$，従って $a_0 = \pm 1$ となる．他方，

$$(1 - \lambda)(1 + \lambda + \lambda^2 + \cdots) = 1$$

に注意すると，$a_0 = \pm 1$ のとき，$f(\lambda) = a_0 - \lambda g(\lambda)$ と置けば

$$h(\lambda) = a_0 + \lambda g(\lambda) + (\lambda g(\lambda))^2 + \cdots$$

は $\mathbf{Z}[\![(\lambda)]\!]$ の元であって，$f(\lambda) h(\lambda) = 1$ である． ∎

形式的ベキ級数 $f(\lambda)$ が $\mathbf{Z}[\![\lambda]\!]$ の可逆元のとき，$f(\lambda)^{-1}$ を $\frac{1}{f(\lambda)}$ で表す．特に，$e > 0$ が整数のとき，

$$\frac{1}{1 - \lambda^e} = 1 + \lambda^e + \lambda^{2e} + \lambda^{3e} + \cdots$$

である．

(5.3) 問　整数 $v>0$ があったとき，

$$\frac{1}{(1-\lambda)^v}=\sum_{n=0}^{\infty}\binom{v+n-1}{v-1}\lambda^n$$

が成立することを示せ．

(5.4) 例　問 (5.1) の次数付代数 R の Hilbert 函数は $H(R,n)=\binom{v+n-1}{v-1}$ である．すると，問 (5.3) によって R の Hilbert 級数は $F(R,\lambda)=\frac{1}{(1-\lambda)^v}$ である．なお，後述の例 (5.6) を参照せよ．

(5.5) 命題　次数付代数 $A=\bigoplus_{n\geqq 0}A_n$ の斉次元 $0\neq f\in A_r$, $r\geqq 1$ は非零因子*であると仮定する．このとき，次数付商代数 $A/(f)$ の Hilbert 級数 $F(A/(f),\lambda)$ は

$$F(A,\lambda)=\frac{F(A/(f),\lambda)}{1-\lambda^r}$$

を満たす．

証明　次数付イデアル (f) を $I=(f)=\bigoplus_{n\geqq 0}I_n$ で表すと，線型空間の完全系列

$$0\to I_n\to A_n\to A_n/I_n\to 0$$

が得られる．このとき，等式

$$\dim_k A_n=\dim_k(A_n/I_n)+\dim_k I_n \tag{1}$$

は線型代数における周知の事実である．他方，$I_n=\{xf\mid x\in A_{n-r}\}$ であって，f が非零因子であることから I_n と A_{n-r} は線型空間として同型である．すると，$\dim_k I_n=\dim_k A_{n-r}$ であるから，等式 (1) より

$$H(A,n)=H(A/I,n)+H(A,n-r) \tag{2}$$

*条件「$fg=0$, $g\in A$ ならば $g=0$」を満たす A の元 f を A の非零因子と呼ぶ．

が従う．等式 (2) の両辺の母函数を考えると，

$$F(A,\lambda) = F(A/I,\lambda) + \lambda^r F(A,\lambda)$$

となり，望む等式を得る． ∎

(5.6) 例　再び例 (4.1) の多項式環 $R = k[x_1, x_2, \ldots, x_v]$ を考察しよう．各々の x_i は R の非零因子であって，$\deg x_i = e_i > 0$ である．すると，命題 (5.5) より $F(R,\lambda) = F(R/(x_v),\lambda)/(1-\lambda^{e_v})$ となる．ここで，$R/(x_v) = k[x_1, \ldots, x_{v-1}]$ に注意して，命題 (5.5) を繰り返して使うと，

$$F(R,\lambda) = \frac{1}{\prod_{i=1}^{v}(1-\lambda^{e_i})}$$

を得る．

次数付代数 $A = \bigoplus_{n \geqq 0} A_n$ が与えられたとき，その Hilbert 函数や Hilbert 級数を計算することは，通常，著しく困難である．

(5.7) 例　多項式環 $R = k[x,y,z]$ で $\deg x = \deg y = \deg z = 1$ とし，その次数付イデアル $I = (xz, yz)$ と次数付商代数 $A = R/I = \bigoplus_{n \geqq 0} A_n$ を考える．このとき，線型空間 A_n の基底として

$$\{x^n, y^n, z^n, x^{n-1}y, \ldots, xy^{n-1}\}$$

が選べる．すると，A の Hilbert 函数は

$$H(A,n) = \dim_k A_n = \begin{cases} 1 & (n = 0 \quad \text{のとき}) \\ n+2 & (n \geqq 1 \quad \text{のとき}) \end{cases}$$

となる．従って，A の Hilbert 級数は

$$\begin{aligned} F(A,\lambda) &= \sum_{n=0}^{\infty} H(A,n)\lambda^n \\ &= 1 + \sum_{n=1}^{\infty}(n+2)\lambda^n \end{aligned}$$

$$
\begin{aligned}
&= \sum_{n=0}^{\infty}(n+1)\lambda^n + \sum_{n=1}^{\infty}\lambda^n \\
&= \sum_{n=0}^{\infty}\binom{2+(n-1)}{2-1}\lambda^n + \lambda\sum_{n=0}^{\infty}\lambda^n \\
&= \frac{1}{(1-\lambda)^2} + \frac{\lambda}{1-\lambda} \qquad \text{(問 (5.3) 参照)} \\
&= \frac{1+\lambda-\lambda^2}{(1-\lambda)^2}
\end{aligned}
$$

である．

(5.8) 問　多項式環 $R = k[x, y, z, w]$ で $\deg x = \deg y = \deg z = \deg w = 1$ とし，その次数付イデアル $I = (xy, xw, zw)$ を考える．このとき，次数付商代数 $A = R/I$ の Hilbert 函数 $H(A, n)$ と Hilbert 級数 $F(A, \lambda)$ を計算せよ．

(5.9) 問　多項式環 $R = k[x, y, z]$ で $\deg x = \deg y = 1$, $\deg z = 2$ とし，その次数付イデアル $I = (xz^3, y^2z)$ を考える．このとき，次数付商代数 $A = R/I$ の Hilbert 函数 $H(A, n)$ と Hilbert 級数 $F(A, \lambda)$ を計算せよ．

§6.　Noether 正規化定理

組合せ論に応用する視点から可換代数の理論を編成するとき，出発点となるのが Noether 正規化定理である．

(6.1) 定理 (Noether 正規化定理)　体 k は無限体であると仮定する．有限生成次数付代数 $A = \bigoplus_{n \geqq 0} A_n$ があったとき，次の条件を満たす有限個の斉次元 $\theta_1, \theta_2, \ldots, \theta_d$ (**巴系**と呼ぶ) が存在する：

(i)　$\theta_1, \theta_2, \ldots, \theta_d$ は k 上代数的独立である*；

---

*斉次元 $\theta_1, \theta_2, \ldots, \theta_d$ が k 上代数的独立であるとは，k の元を係数とする変数 $x_1, x_2, \ldots, x_d$ の多項式 $f = f(x_1, x_2, \ldots, x_d)$ が $f(\theta_1, \theta_2, \ldots, \theta_d) = 0$ を満たせば ($x_1, x_2, \ldots, x_d$ の多項式として) $f = 0$ となるときにいう．従って，k 上代数的独立な斉次元 $\theta_1, \theta_2, \ldots, \theta_d$ は k 上の不定元と考えてよい．

(ii) 有限個の斉次元 $\eta_1, \eta_2, \ldots, \eta_s$ (**分離系**と呼ぶ) が存在し，A の任意の元 y は

$$y = \sum_{i=1}^{s} p_i(\theta_1, \theta_2, \cdots \theta_d)\eta_i$$

なる型に表される*．ここで $p_i(\theta_1, \theta_2, \ldots, \theta_d)$ は k の元を係数とする $\theta_1, \theta_2, \ldots, \theta_d$ の多項式である．

証明 次数付代数 $A = \bigoplus_{n \geqq 0} A_n$ は斉次元 $y_1, y_2, \ldots, y_v$ (ただし，$\deg y_i \geqq 1$, $1 \leqq i \leqq v$) を生成系に持つと仮定する．以下，v に関する帰納法で定理 (6.1) を証明する．

(第 1 段) まず，$v = 1$ とする．このとき，y_1 が k 上代数的独立ならば，$d = 1$, $\theta_1 = y_1$, $s = 1$, $\eta_1 = 1$ とすればよい．他方，y_1 が k 上代数的独立でないとすると，適当に $n \geqq 2$ を選んで

$$y_1^n + \sum_{i=0}^{n-1} \alpha_i y_1^i = 0, \quad \alpha_i \in k$$

なる関係式が作れる．従って，A の任意の元は $1, y_1, y_1^2, \ldots, y_1^{n-1}$ の k 上の線型結合として表される．すると，$d = 0$, $s = n$, $\eta_i = y_1^{i-1}$ $(1 \leqq i \leqq s)$ と置けば，条件 (i) と (ii) が満たされる．

(第 2 段) 次に，$v \geqq 2$ とし，ρ を $\deg y_1, \deg y_2, \ldots, \deg y_v$ の最小公倍数とする．各々の $1 \leqq i \leqq v$ に対して，

$$m(i) = \rho / \deg y_i \in \mathbf{Z}, \quad x_i = y_i^{m(i)} \in A$$

と置く．すると，$\deg x_i = \rho$ である．いま，$B = \bigoplus_{n \geqq 0} B_n$ を A の次数付部分代数で $x_1, x_2, \ldots, x_v$ を生成系に持つものとする．このとき，A の有限個の斉次元 $\xi_1, \xi_2, \ldots, \xi_t$ が存在して，

$$A = \{b_1\xi_1 + b_2\xi_2 + \cdots + b_t\xi_t \mid b_\ell \in B, 1 \leqq \ell \leqq t\} \tag{3}$$

*換言すれば，巴系$\theta_1, \theta_2, \ldots, \theta_d$を生成系とする次数付部分代数 $k[\theta_1, \theta_2, \ldots, \theta_d]$ 上の加群として，$A = \bigoplus_{n \geqq 0} A_n$ は有限生成ということである．

となる．斉次元 $x_1, x_2, \ldots, x_v$ が k 上代数的独立であれば $d = v$, $\theta_i = x_i$ $(1 \leqq i \leqq d)$, $s = t$, $\eta_j = \xi_j$ $(1 \leqq j \leqq s)$ と置けば条件 (i) と (ii) が満たされる．そこで，$x_1, x_2, \ldots, x_v$ は k 上代数的独立ではないと仮定すると，非自明な関係式

$$\sum_{\text{有限個}} \alpha_{n_1 n_2 \cdots n_v} x_1^{n_1} x_2^{n_2} \cdots x_v^{n_v} = 0, \quad \alpha_{n_1 n_2 \cdots n_v} \in k \tag{4}$$

が存在する．しばらく，$\beta_i \in k$ とし

$$w_i := x_i - \beta_i x_1, \quad 2 \leqq i \leqq v$$

と置く．すると，等式 (4) の左辺は

$$\begin{aligned} &\sum_{\text{有限個}} \alpha_{n_1 n_2 \cdots n_v} x_1^{n_1} (w_2 + \beta_2 x_1)^{n_2} \cdots (w_v + \beta_v x_1)^{n_v} \\ &\quad = g(\beta_2, \ldots, \beta_v) x_1^q + (x_1 \text{の低次の項}) \end{aligned} \tag{5}$$

となる．ここで，

$$q = \max\{n_1 + n_2 + \cdots + n_v \mid \alpha_{n_1 n_2 \cdots n_v} \neq 0\}$$

である．体 k は無限体であるから，適当に $\beta_2, \ldots, \beta_v$ を選べば $g(\beta_2, \ldots, \beta_v) \neq 0$ となる (証明せよ！)．従って，等式 (4) と (5) を

$$x_1^q + \sum_{i=0}^{q-1} f_i(w_2, \ldots, w_v) x_1^i = 0 \tag{6}$$

と書き換えることができる．次に，B の次数付部分代数で $w_2, \ldots, w_v$ を生成系に持つものを $C = \bigoplus_{n \geqq 0} C_n$ とすると，等式 (6) より

$$\begin{aligned} B = \{c_0 + c_1 x_1 + c_2 x_1^2 + \cdots + c_{q-1} x_1^{q-1} \mid \\ c_j \in C, 0 \leqq j \leqq q-1\} \end{aligned} \tag{7}$$

が従う．次数付代数 C の生成元の個数は $v-1$ であるから，帰納法の仮定を使うと，有限個の代数的独立な斉次元 $\theta_1, \theta_2, \ldots, \theta_d$ と有限個の斉次元 $\eta_1, \eta_2, \ldots, \eta_s$ が存在して，C の任意の元は

$$\sum_{i=1}^{s} p_i(\theta_1, \theta_2, \ldots, \theta_d) \eta_i$$

なる型に表される．ここで，$p_i(\theta_1,\theta_2,\ldots,\theta_d)$ は k の元を係数とする $\theta_1,\theta_2,\ldots,\theta_d$ の多項式である．このとき，(3) と (7) より，A の任意の元は

$$\sum_{\substack{1\leqq i\leqq s\\ 1\leqq j\leqq q\\ 1\leqq \ell\leqq t}} p_i^{(j,\ell)}(\theta_1,\theta_2,\ldots,\theta_d)\eta_i x_1^{j-1}\xi_\ell$$

なる型に表される．従って，$\theta_1,\theta_2,\ldots,\theta_d$ は A の巴系で $\{\eta_i x_1^{j-1}\xi_\ell\}_{i,j,\ell}$ がその分離系である． ∎

次数付代数 $A=\bigoplus_{n\geqq 0}A_n$ が**標準的**であるとは，次数 1 の元から成る A の生成系が存在するときにいう．

(6.2) 系　定理 (6.1) において，次数付代数 $A=\bigoplus_{n\geqq 0}A_n$ は標準的であると仮定する．このとき，次数 1 の斉次元から成る A の巴系が存在する．

証明　定理 (6.1) の証明で，各々の $\deg y_i=1$ となるから $\rho=1$ である．従って，次数付部分代数 $C=\bigoplus_{n\geqq 0}C_n$ も標準的である．すると，$\theta_1,\theta_2,\ldots,\theta_d$ は次数 1 の斉次元から選べる． ∎

(6.3) 補題　定理 (6.1) の非負整数 d は，k 上代数的独立な A の斉次元の最大個数と一致する．

証明　次数付代数 $A=\bigoplus_{n\geqq 0}A_n$ に属する $d+1$ 個の斉次元 $\xi_1,\xi_2,\ldots,\xi_{d+1}$ で k 上代数的独立なものが存在したと仮定する．いま，$\deg\xi_1,\ldots,\deg\xi_{d+1}$, $\deg\theta_1,\ldots,\deg\theta_d$ の最小公倍数を $q>0$ とし，

$$\theta_i' := \theta_i^{q/\deg\theta_i},\ \xi_j' := \xi_j^{q/\deg\xi_j}\quad (1\leqq i\leqq d,\ 1\leqq j\leqq d+1)$$

と置く．このとき，次数 q の斉次元 $\xi_1',\xi_2',\ldots,\xi_{d+1}'$ は k 上代数的独立である．

すると，任意の $n \geqq 0$ に対して

$$\dim_k A_{nq} \geqq \binom{d+n}{d} = (1/d!)n^d + (\text{低次の項}) \tag{8}$$

である．他方，次数 q の斉次元の列 $\theta'_1, \theta'_2, \ldots, \theta'_d$ は A の巴系である．(一般に，$\theta_1, \theta_2, \ldots, \theta_d$ が巴系ならば，任意の正の整数 $n_1, n_2, \ldots, n_d$ に対して，$\theta_1^{n_1}, \theta_2^{n_2}, \ldots, \theta_d^{n_d}$ も巴系である.）その分離系 $\eta'_1, \eta'_2, \ldots, \eta'_t$ を選ぶと

$$\begin{aligned}\dim_k A_{nq} &\leqq \sum_{i=1}^{t} [\theta_1, \ldots, \theta_d \text{ の次数 } nq - \deg \eta'_i \text{ の単項式の個数}] \\ &\leqq t\binom{d+n-1}{d-1} \\ &= \frac{t}{(d-1)!} n^{d-1} + (\text{低次の項}) \end{aligned} \tag{9}$$

である．ところが，$n > 0$ を十分大きくすれば，不等式 (8) の右辺の値は (9) 式の値よりも大きくなって矛盾する．従って，A の $d+1$ 個の斉次元で代数的独立なものは存在しない． ∎

以下，特に断らなくても，体 k は無限体であると約束する．定理 (6.1) の非負整数 d を A の **Krull 次元**と呼び，Krull-dim A で表す．

(6.4) 問　**(a)** 定理 (6.1) の条件 (ii) は，次の条件と同値であることを示せ：次数付商代数 $A/(\theta_1, \theta_2, \ldots, \theta_d)$ は k 上の線型空間として有限次元である．
(b) 次数付代数 $A = \bigoplus_{n \geqq 0} A_n$ が Krull-dim $A = 0$ となるためには，$A_n = (0)$ が十分大きな任意の n に対して成立することが必要十分であることを示せ．

(6.5) 問　体 k 上の v-変数多項式環 $R = k[x_1, x_2, \ldots, x_d]$ に標準的な次数付代数の構造を与える*．いま，$\theta_1, \theta_2, \ldots, \theta_d$ を $x_1, x_2, \ldots, x_d$ の基本対称式とす

*すなわち $\deg x_i = e_i = 1$, $1 \leqq i \leqq d$, である．

る．すなわち，

$$\theta_i = \sum_{1 \leqq j_1 < j_2 < \cdots < j_i \leqq d} x_{j_1} x_{j_2} \cdots x_{j_i}, \quad 1 \leqq i \leqq d$$

である．このとき，斉次元の列 $\theta_1, \theta_2, \ldots, \theta_d$ は A の巴系であることを証明せよ．

(6.6) 例　例 (5.7) の次数付代数 $A = \bigoplus_{n \geqq 0} A_n = k[x, y, z]/(xz, yz)$ を再考する．このとき $\theta_1 = x + z$, $\theta_2 = y$ は k 上代数的独立である．実際，A において $xz = 0$, $yz = 0$ であるから $\theta_1^n = (x+z)^n = x^n + z^n$, $\theta_1^n \theta_2^m = x^n y^m$ $(n \geqq 0, m \geqq 1)$ となる．従って，$\{\theta_1^n \theta_2^m \mid 0 \leqq n,\ m \in \mathbf{Z}\}$ は k 上線型独立である．他方，$\theta_1^n z = z^{n+1}$, $x^n = \theta_1^n - \theta_1^{n-1} z$ に注意すると $\eta_1 = 1$, $\eta_2 = z$ は定理 (6.1) の分離系の条件 (ii) を満たす．従って θ_1, θ_2 は A の巴系であって，Krull-dim $A = 2$ となる．

(6.7) 問　例 (6.6) の次数付代数 $A = \bigoplus_{n \geqq 0} A_n$ において，$\theta_1' = x^2$, $\theta_2' = y + z$ も巴系となることを確かめ，その分離系を求めよ．

(6.8) 問　問 (5.8) の次数付代数 $A = \bigoplus_{n \geqq 0} A_n$ の巴系として $\theta_1 = x + y$, $\theta_2 = z + w$ が選べることを示し，その分離系を求めよ．

§7. Cohen-Macaulay 環

有限生成次数付代数 $A = \bigoplus_{n \geqq 0} A_n$ の Krull 次元を d とする．このとき，A の巴系 $\theta_1, \theta_2, \ldots, \theta_d$ が**正則巴系**であるとは，適当に分離系 $\eta_1, \eta_2, \ldots, \eta_s$ を選べば，任意の $y \in A$ に対して，定理 (6.1) の (ii) の表示

$$y = \sum_{i=1}^{s} p_i(\theta_1, \theta_2, \ldots, \theta_d) \eta_i$$

が一意的*であるときにいう．

*すなわち，$y = \sum_{i=1}^{s} p_i(\theta_1, \ldots, \theta_d)\eta_i = \sum_{i=1}^{s} q_i(\theta_1, \ldots, \theta_d)\eta_i$ ならば $p_i(\theta_1, \ldots, \theta_d) = q_i(\theta_1, \ldots, \theta_d)$, $1 \leqq i \leqq s$，ということである．

いま，巴系 $\theta_1, \theta_2, \ldots, \theta_d$ が生成する A の次数付イデアル $(\theta_1, \theta_2, \ldots, \theta_d)$ による次数付商代数 $A/(\theta_1, \theta_2, \ldots, \theta_d)$ を $S = \bigoplus_{n \geqq 0} S_n$ で表す．すると，k 上の線型空間として S は有限次元である．従って，$S_n = (0)$ が十分大きな任意の n に対して成立する．換言すれば，$\text{Krull-dim}\, S = 0$ である (問 (6.4) 参照)．このとき，S の Hilbert 級数 $F(S, \lambda)$ は λ の多項式であることに注意する．また，$\deg \theta_i = e_i > 0 \ (1 \leqq i \leqq d)$ と置く．

次の補題 (7.1) は Cohen-Macaulay 環の理論を組合せ論に応用する際の鍵となる．

(7.1) 補題　次の条件は同値である：

(i)　巴系 $\theta_1, \theta_2, \ldots, \theta_d$ は正則；

(ii)　$$F(A, \lambda) = \frac{F(S, \lambda)}{\prod_{i=1}^{d}(1 - \lambda^{e_i})} \ . \tag{10}$$

証明　巴系 $\theta_1, \theta_2, \ldots, \theta_d$ が正則であることの定義は「適当に分離系 $\eta_1, \eta_2, \ldots, \eta_s$ を選ぶとき，

$$\mathcal{B} = \{\eta_i \theta_1^{a_1} \theta_2^{a_2} \cdots \theta_d^{a_d} \mid i = 1, 2, \ldots, s, \ 0 \leqq a_1, a_2, \ldots, a_d \in \mathbf{Z}\}$$

が k 上の線型空間 A の基底となる」と換言できる．

まず，集合 $\mathcal{B}$ が A の基底であると仮定する．このとき，

$$\begin{aligned} F(A, \lambda) &= \sum_{\substack{1 \leqq i \leqq s \\ 0 \leqq a_1, \ldots, a_d \in \mathbf{Z}}} \lambda^{\deg \eta_i + a_1 e_1 + \cdots + a_d e_d} \qquad (11) \\ &= \left(\sum_{i=1}^{s} \lambda^{\deg \eta_i} \right) \prod_{j=1}^{d} \left(\sum_{n=0}^{\infty} (\lambda^{e_j})^n \right) \\ &= \frac{\sum_{i=1}^{s} \lambda^{\deg \eta_i}}{\prod_{j=1}^{d} (1 - \lambda^{e_j})} \end{aligned}$$

である．ところが，$\eta_1, \eta_2, \ldots, \eta_s$ は線型空間 S の基底であるから，

$$F(S,\lambda) = \sum_{i=1}^{s} \lambda^{\deg \eta_i} \tag{12}$$

である．従って，望む等式 (10) を得る．

逆に，等式 (10) が成立すると仮定する．いま，A の斉次元 $\eta_1, \eta_2, \ldots, \eta_s$ で S の基底となるものを選ぶ．このとき，等式 (12) が成立する．他方，k 上の線型空間として $\mathcal{B}$ は A を張る．すると，$\mathcal{B}$ が A の基底となるためには等式 (11) が成立することが必要十分である．ところが，(11) は等式 (10) と (12) から従う．すなわち，$\mathcal{B}$ は A の基底である． ∎

有限生成次数付代数 $A = \bigoplus_{n \geqq 0} A_n$ が **Cohen-Macaulay 環**であるとは，A の巴系で正則であるものが存在するときにいう．

(7.2) 命題* 次数付代数 $A = \bigoplus_{n \geqq 0} A_n$ に関して，次の条件は同値である：

(i) A の巴系で正則なものが存在する；

(ii) A の任意の巴系は正則である． ∎

(7.3) 系 次数付代数 $A = \bigoplus_{n \geqq 0} A_n$ は Krull 次元 d の Cohen-Macaulay 環であると仮定する．このとき，A の巴系 $\theta_1, \theta_2, \ldots, \theta_d$ があって $\deg \theta_i = e_i > 0$, $1 \leqq i \leqq d$, であるならば，A の Hilbert 級数は

$$F(A,\lambda) = \frac{h_0 + h_1\lambda + \cdots + h_t\lambda^t}{\prod_{i=1}^{d}(1-\lambda^{e_i})}$$

と表される．ただし，各々の h_j は非負整数である．

証明 次数付商代数 $S = A/(\theta_1, \theta_2, \ldots, \theta_d) = \bigoplus_{n \geqq 0} S_n$ の Hilbert 級数 $F(S,\lambda)$

---

* 命題 (7.2) の証明には，可換環のイデアル論の予備知識が必要である (と思われる)．本著ではイデアル論には深入りしない方針なので，命題 (7.2) の証明は割愛する．イデアル論の初歩を修得している読者は，次の事実に着目して命題 (7.2) の証明を試みよ：巴系 $\theta_1, \theta_2, \ldots, \theta_d$ が正則であるための必要十分条件は，任意の $1 \leqq i \leqq d$ に対して，θ_i が $A/(\theta_1, \ldots, \theta_{i-1})$ において非零因子となることである．

は λ の多項式である．いま，$F(S,\lambda) = h_0 + h_1\lambda + \cdots + h_t\lambda^t$ と置くと，

$$h_j = H(S,j) = \dim_k S_j \geqq 0, \quad 0 \leqq j \leqq t$$

となる．命題 (7.2) によって，巴系 $\theta_1, \theta_2, \ldots, \theta_d$ は正則であるから，補題 (7.1) を適用して望む等式を得る． ∎

(7.4) 例　再び例 (5.7) と例 (6.6) の次数付代数 $A = \bigoplus_{n \geqq 0} A_n = k[x,y,z]/(xz, yz)$ を考察する．このとき，巴系 $\theta_1 = x + z$, $\theta_2 = y$ は正則ではない．実際，線型空間 $S = A/(\theta_1, \theta_2)$ は 1, z を基底に持つから $F(S,\lambda) = 1 + \lambda$ となる．他方，$F(A,\lambda) = (1 + \lambda - \lambda^2)/(1-\lambda)^2$ であるから $F(A,\lambda) \neq F(S,\lambda)/(1-\lambda)^2$ である．すると，補題 (7.1) によって巴系 θ_1, θ_2 は正則ではない．従って，命題 (7.2) より A は Cohen-Macaulay 環ではない．もちろん，系 (7.3) を直接使っても A が Cohen-Macaulay 環でないことを知る．

(7.5) 問　問 (5.8) と問 (6.8) で考察した標準的な次数付代数 $A = \bigoplus_{n \geqq 0} A_n = k[x,y,z,w]/(xy, xw, zw)$ の巴系 $\theta_1 = x + y$, $\theta_2 = z + w$ は正則であること，従って A は Cohen-Macaulay 環であることを示せ．

(7.6) 問　**(a)** 次数付代数 $A = \bigoplus_{n \geqq 0} A_n$ が $\text{Krull-dim}\, A = 0$ ならば A は Cohen-Macaulay 環であることを示せ．

(b) 次数付代数 $A = \bigoplus_{n \geqq 0} A_n$ が $\text{Krull-dim}\, A = 1$ であるとき，A が Cohen-Macaulay 環であるためには，$\deg\theta > 0$ となる A の斉次元 θ で非零因子となるものが存在することが必要十分であることを示せ．

(c) 標準的な次数付代数 $A = \bigoplus_{n \geqq 0} A_n$ で次の条件を満たすものを例示せよ：

(i)　$\text{Krull-dim}\, A = 2$;

(ii)　$(1-\lambda)^2 F(A,\lambda)$ は非負整数係数の多項式；

(iii)　A は Cohen-Macaulay 環ではない．

第 3 章　単体的球面と上限予想

幾何学的実現が $(d-1)$-球面に同相である単体的複体を単体的 $(d-1)$-球面と呼ぶ．単体的 $(d-1)$-球面の h-列に関する幾つかの組合せ論的諸性質を論じることが本章の目的である．上限予想の解決の背後に潜む環論的仕掛けの絶妙さは劇的であって，境界分野「可換代数と組合せ論」が誕生する契機となった．具体的な組合せ論の難題に適用される抽象的な可換代数の理論が，その威力を発揮する過程を読者にじっくりと味わっていただきたい．

§8.　単体的球面と Dehn-Sommerville 方程式

次元 d の単体的凸多面体 $\mathcal{P} \subset \mathbf{R}^N$ の境界複体 $\Delta(\mathcal{P})$ とは，$\mathcal{P}$ の面 $\mathcal{F}(\neq \mathcal{P})$ の全体から成る $d-1$ 次元単体的複体のことであった．命題 (1.22) と系 (1.25) により，$\Delta(\mathcal{P})$ の幾何学的実現は $(d-1)$-次元球面 $\mathbf{S}^d$ に同相である．一般に，次元 $d-1$ の単体的複体 Δ の幾何学的実現 $|\Delta|$ が $(d-1)$-次元球面 $\mathbf{S}^d$ に同相であるとき，Δ を**単体的 $(d-1)$-球面**と呼ぶ*.

(8.1) 定理 (Dehn-Sommerville 方程式)　単体的 $(d-1)$-球面 Δ の h-列

*いささか病的な単体的 $(d-1)$-球面も存在する．実際，$d \geqq 4$ のとき，単体的 $(d-1)$-球面 Δ で，その組合せ論型が次元 d のいかなる単体的凸多面体 $\mathcal{P}$ の境界複体 $\Delta(\mathcal{P})$ とも一致しないものが構成できる．

$h(\Delta)=(h_0,h_1,\ldots,h_d)$ は，等式

$$h_i=h_{d-i},\quad 0\leqq i\leqq d$$

を満たす. ∎

一般に $d-1$ 次元の多面体的複体 Γ の h-列 $h(\Gamma)=(h_0,h_1,\ldots,h_d)$ は，$|\Gamma|$ が $\mathbf{S}^d$ に同相であっても，$h_i=h_{d-i}$ $(0\leqq i\leqq d)$ を満たすとは限らない (問 (3.6) 参照).

(8.2) 問　次元 $d-1$ の単体的複体 Δ の f-列 $f(\Delta)=(f_0,f_1,\ldots,f_{d-1})$ と h-列 $h(\Delta)=(h_0,h_1,\ldots,h_d)$ の間には，次の関係式が存在することを示せ.

(i)　$h_i=\sum_{j=0}^{i}\binom{d-j}{d-i}(-1)^{i-j}f_{j-1},\quad 0\leqq i\leqq d$;

(ii)　$f_i=\sum_{j=0}^{i+1}\binom{d-j}{d-i-1}h_j,\quad 0\leqq i\leqq d-1.$

(8.3) 問　単体的 $(d-1)$-球面 Δ の Dehn-Sommerville 方程式を Δ の f-列 $f(\Delta)=(f_0,f_1,\ldots,f_{d-1})$ で表示すると

$$\sum_{j=i}^{d-1}(-1)^j\binom{j+1}{i+1}f_j=(-1)^{d-1}f_i,\quad -1\leqq i\leqq d-1$$

となることを証明せよ.

定理 (8.1) は単体的 $(d-1)$-球面の被約 Euler 標数の議論から比較的簡単に導かれる (後述，補題 (11.17) 参照). なお，Dehn-Sommerville 方程式は，$d\leqq 5$ のときは Dehn によって示され (1905 年)，任意の d に対しては Sommerville が証明した (1927 年).

(8.4) 例　問 (8.2) より，$d=4$ のとき

$$h_0=1$$

$$h_1 = f_0 - 4$$
$$h_2 = f_1 - 3f_0 + 6$$
$$h_3 = f_2 - 2f_1 + 3f_0 - 4$$
$$h_4 = f_3 - f_2 + f_1 - f_0 + 1$$

である．すると，Dehn-Sommerville 方程式 $h_0 = h_4, h_1 = h_3$ を f-列で表示すると

$$f_3 - f_2 + f_1 - f_0 = 0$$
$$f_2 - 2f_1 + 2f_0 = 0$$

となる．従って，

$$f_2 = 2f_1 - 2f_0$$
$$f_3 = f_2 - f_1 + f_0 = f_1 - f_0$$

である．すなわち，Dehn-Sommerville 方程式によって f_2 と f_3 は f_0 と f_1 の線型結合である．

(8.5) 系　単体的 $(d-1)$-球面 Δ の f-列を $f(\Delta) = (f_0, f_1, \ldots, f_{d-1})$ とするとき，任意の $[d/2] \leqq i \leqq d-1$ に対して，f_i は $f_0, f_1, \ldots, f_{[d/2]-1}$ の整数係数の線型結合である．

証明　等式 $h_i = h_{d-i}$, $0 \leqq i \leqq [(d-1)/2]$, の両辺に問 (8.2) の第 (i) 式を代入すると

$$\sum_{j=0}^{i} \binom{d-j}{d-i} (-1)^{i-j} f_{j-1} \tag{1}$$
$$= \sum_{j=0}^{d-i} \binom{d-j}{i} (-1)^{d-i-j} f_{j-1}, \quad 0 \leqq i \leqq [(d-1)/2]$$

となる．いま，(1) を未知数 $f_{[d/2]}, f_{[d/2]+1}, \ldots, f_{d-1}$ に関する方程式系と考え，

$$A \begin{bmatrix} f_{[d/2]} \\ f_{[d/2]+1} \\ \vdots \\ f_{d-1} \end{bmatrix} = B \begin{bmatrix} f_{-1} \\ f_0 \\ \vdots \\ f_{[d/2]-1} \end{bmatrix} \tag{2}$$

と行列表示する．ただし，行列 A は $([(d-1)/2]+1)$–行 $(d-[d/2])$–列，行列 B は $([(d-1)/2]+1)$–行 $([d/2]+1)$–列である．一般に，

$$[(d-1)/2]+1 = d-[d/2]$$

であるから，行列 A は正方行列である．行列 A の第 (i, j)-成分 a_{ij} は

$$a_{ij} = (-1)^{d-[\frac{d}{2}]+1-(i+j)} \binom{d-[\frac{d}{2}]+1-j}{i}$$

である．特に，

$$d-[d/2]+1 < i+j \text{ のとき，} \quad a_{ij} = 0\,;$$
$$d-[d/2]+1 = i+j \text{ のとき，} \quad a_{ij} = 1$$

である．すると，行列式 $|A|$ の値は

$$|A| = \prod_{i=1}^{d-[d/2]} (-1)^{i+1}$$

である．従って，行列 A の逆行列 A^{-1} が存在する．しかも A^{-1} の各々の成分は整数である．すると，(2) の両辺に左から A^{-1} を掛けると，$f_{[d/2]}, f_{[d/2]+1}, \ldots, f_{d-1}$ のそれぞれは $f_0, f_1, \ldots, f_{[d/2]-1}$ の整数係数の線型結合であることを知る．∎

§9.　巡回凸多面体と上限予想

空間 $\mathbf{R}^d$ のモーメント曲線

$$\mathcal{M}_d := \{(t, t^2, \ldots, t^d) \mid t \in \mathbf{R}\}$$

の上に相異なる v 個 (ただし，$v \geqq d+1$) の点 $\boldsymbol{\alpha}_1, \boldsymbol{\alpha}_2, \ldots, \boldsymbol{\alpha}_v$ を固定する．有限集合 $\{\boldsymbol{\alpha}_1, \boldsymbol{\alpha}_2, \ldots, \boldsymbol{\alpha}_v\}$ の $\mathbf{R}^d$ における凸閉包を型 $(v,\, d)$ の巡回凸多面体*と呼び，$C(v, d)$ で表す．

(9.1) 命題 **(a)** 巡回凸多面体 $C(v, d)$ は次元 d の単体的凸多面体であって，その頂点集合は $\{\boldsymbol{\alpha}_1, \boldsymbol{\alpha}_2, \ldots, \boldsymbol{\alpha}_v\}$ である．
(b) $f_i(\Delta(C(v,d))) = \begin{pmatrix} v \\ i+1 \end{pmatrix}, \quad 0 \leqq i < [d/2].$

証明 **(第 1 段)** 空間 $\mathbf{R}^d$ のモーメント曲線 $\mathcal{M}_d$ の上の点 $(t, t^2, \ldots, t^d)$ を $\boldsymbol{\alpha}(t)$ で表す．曲線 $\mathcal{M}_d$ の上に $d+1$ 個の点 $\boldsymbol{\alpha}(t_0), \boldsymbol{\alpha}(t_1), \ldots, \boldsymbol{\alpha}(t_d)$ があったとき，d 個のベクトル $\boldsymbol{\alpha}(t_1) - \boldsymbol{\alpha}(t_0), \boldsymbol{\alpha}(t_2) - \boldsymbol{\alpha}(t_0), \ldots, \alpha(t_d) - \alpha(t_0)$ は $\mathbf{R}$ 上線型独立である．実際，この事実は行列式

$$D = \begin{vmatrix} 1 & t_0 & t_0^2 & \cdots & t_0^d \\ 1 & t_1 & t_1^2 & \cdots & t_1^d \\ \vdots & \vdots & \vdots & & \vdots \\ 1 & t_d & t_d^2 & \cdots & t_d^d \end{vmatrix}$$

が非零となることと同値である．ところが，$D = \prod_{0 \leqq i < j \leqq d}(t_j - t_i) \neq 0$ は周知である．

(第 2 段) 次に，$V = \{\boldsymbol{\alpha}_1, \boldsymbol{\alpha}_2, \ldots, \boldsymbol{\alpha}_v\}$ と置き，整数 k で $0 \leqq k < [d/2]$ となるものを固定する．集合 V の部分集合 W で $\#(W) = k+1$ となるものが任意に与えられたとき，$C(v, d)$ の支持超平面 $\mathcal{H}$ で $\mathcal{H} \cap V = W$ となるものが存在することを示す．一般性を失うことなく，$W = \{\boldsymbol{\alpha}_1, \boldsymbol{\alpha}_2, \ldots, \boldsymbol{\alpha}_{k+1}\}$ と仮定してよい．いま，$\boldsymbol{\alpha}_i = \boldsymbol{\alpha}(t_i), 1 \leqq i \leqq v$, と置き，変数 x の多項式 $p(x)$ を

$$p(x) = \prod_{i=1}^{k+1}(x - t_i)^2 = \beta_0 + \beta_1 x + \cdots + \beta_{2k+2} x^{2k+2}$$

で定義する．ただし，$p(x)$ の各々の係数 β_j は $t_1, t_2, \ldots, t_{k+1}$ のみに依存する．

---

*巡回凸多面体の境界複体 $\Delta(C(v,d))$ の組合せ論型は v 個の点 $\boldsymbol{\alpha}_1, \ldots, \boldsymbol{\alpha}_v$ の選び方には依存しない．本著ではこの事実を必要としないが，興味のある読者は [1] を参照されたい．

また，$k < [d/2]$ であるから $2k+2 \leqq d$ となる．そこで，超平面 $\mathcal{H} \subset \mathbf{R}^d$ を

$$\{(x_1, x_2, \ldots, x_d) \in \mathbf{R}^d \mid \beta_1 x_1 + \beta_2 x_2 + \cdots + \beta_{2k+2} x_{2k+2} = -\beta_0\}$$

で定義する．このとき，$\boldsymbol{\alpha}_i \in \mathcal{H}$, $1 \leqq i \leqq k+1$, である．他方，$k+1 < j \leqq v$ のとき，

$$\beta_1 t_j + \beta_2 t_j^2 + \cdots + \beta_{2k+2} t_j^{2k+2} = \prod_{i=1}^{k+1} (t_j - t_i)^2 - \beta_0 > -\beta_0$$

である．すると，$C(v,d) \subset \mathcal{H}^{(-)}$, $V \cap \mathcal{H} = W$ である．従って，$\mathcal{H}$ が望む性質を有する支持超平面である．

(第 3 段) まず，(第 2 段) より各々の $\boldsymbol{\alpha}_i$ は $C(v,d)$ の頂点であるから，有限集合 V が $C(v,d)$ の頂点集合である．他方，$\mathcal{F}$ が $C(v,d)$ の面であれば $\mathcal{F} = \mathrm{CONV}(V \cap \mathcal{F})$ である (命題 (1.19))．すると，$\mathcal{F}$ が i-面であれば (第 1 段) および問 (1.20)，問 (2.2) から $\#(V \cap W) = i+1$ となる．従って，$\mathcal{F}$ は i-単体となり，$C(v,d)$ は単体的凸多面体である．

(第 4 段) 再度，(第 2 段) を使うと，頂点集合 V の部分集合 W があったとき，$\#(W) - 1 < [d/2]$ であれば，$\mathrm{CONV}(W)$ は $C(v,d)$ の $(\#(W)-1)$-面である．従って，$f_i(\Delta(C(v,d))) = \binom{v}{i+1}$, $0 \leqq i < [d/2]$, を得る．■

ところで，v 個の頂点を持つ単体的複体 Δ の i-面の個数 $f_i(\Delta)$ は高々 $\binom{v}{i+1}$ 個である．すると，$\Delta(C(v,d))$ は v 個の頂点を持つ単体的 $(d-1)$-球面の類で $f_0, f_1, \ldots, f_{[d/2]-1}$ の最大値を有する (命題 (9.1))．他方，系 (8.5) から $f_{[d/2]}$, $f_{[d/2]+1}, \ldots, f_{d-1}$ のそれぞれは $f_0, f_1, \ldots, f_{[d/2]-1}$ の線型結合である．従って，$\Delta(C(v,d))$ は v 個の頂点を持つ単体的 $(d-1)$-球面の類で $f_0, f_1, \ldots, f_{d-1}$ の最大値を有する，と予想するのはきわめて自然である．

上限予想 (Upper Bound Conjecture)　単体的 $(d-1)$-球面 Δ が $v(= f_0(\Delta))$ 個の頂点を持つとき，不等式

$$f_i(\Delta) \leqq f_i(\Delta(C(v,d))), \quad 0 \leqq i \leqq d-1 \tag{3}$$

が成立する．

上限予想は単体的凸多面体 $\mathcal{P}$ の境界複体 $\Delta(\mathcal{P})$ に限って Motzkin[25] が提唱した (1957 年)．任意の単体的 $(d-1)$-球面に対して上限予想を考察することを示唆したのは Klee[22] である (1964 年)．

さて，上限予想を h-列の言葉で記述するためには，巡回凸多面体 $C(v,d)$ の h-列を計算する必要がある．一般に，任意の整数 a と任意の非負整数 b があったとき，

$$\binom{a}{b} = \frac{a(a-1)\cdots(a-b+1)}{b!}$$

と定義する．すると，$a \geqq 0$ ならば $\binom{a}{b}$ は (お馴染みの) 二項係数である．

(9.2) 問　整数 a, c と非負整数 b に対して，次の関係式が成立することを確かめよ．

(i) $\displaystyle \binom{a}{b} = (-1)^b \binom{-a+b-1}{b}$;

(ii) $\displaystyle \binom{a}{b} = (-1)^{a-b} \binom{-b-1}{a-b}$;

(iii) $\displaystyle \binom{a+1}{b+1} = \frac{a+1}{b+1} \binom{a}{b}$

(iv) $\displaystyle \sum_{i=0}^{b} \binom{a}{i} \binom{c}{b-i} = \binom{a+c}{b}$.

(9.3) 補題　非負整数 $0 \leqq a \leqq b$ と整数 c があったとき，等式

$$\sum_{i=0}^{b} (-1)^i \binom{i}{a} \binom{c}{b-i} = (-1)^b \binom{b-c}{b-a}$$

が成立する．

証明　問 (9.2) の等式を使うと

$$
\begin{aligned}
\sum_{i=0}^{b}(-1)^i\binom{i}{a}\binom{c}{b-i} &= \sum_{i=a}^{b}(-1)^i\binom{i}{a}\binom{c}{b-i} \\
&= \sum_{i=a}^{b}(-1)^i(-1)^{i-a}\binom{-a-1}{i-a}\binom{c}{b-i} \\
&= (-1)^a\sum_{j=0}^{b-a}\binom{-a-1}{j}\binom{c}{(b-a)-j} \\
&= (-1)^a\binom{(-a-1)+c}{b-a} \\
&= (-1)^a(-1)^{b-a}\binom{-(-a-1)-c+(b-a)-1}{b-a} \\
&= (-1)^b\binom{b-c}{b-a}
\end{aligned}
$$

である.　∎

(9.4) 命題　$h_i(\Delta(C(v,d))) = \binom{v-d+i-1}{i}, \quad 0 \leqq i \leqq [d/2].$

証明

$$
\begin{aligned}
h_i(\Delta(C(v,d))) &= \sum_{j=0}^{i}\binom{d-j}{d-i}(-1)^{i-j}f_{j-1}(\Delta(C(v,d))) && \text{(問 (8.2))} \\
&= \sum_{j=0}^{i}\binom{d-j}{d-i}(-1)^{i-j}\binom{v}{j} && \text{(命題 (9.1))} \\
&= \sum_{j=0}^{d}\binom{d-j}{d-i}(-1)^{i-j}\binom{v}{j} \\
&= (-1)^{d-i}\sum_{j=0}^{d}(-1)^{d-j}\binom{d-j}{d-i}\binom{v}{j}
\end{aligned}
$$

$$
\begin{aligned}
&= (-1)^{d-i}\sum_{j=0}^{d}(-1)^j\binom{j}{d-i}\binom{v}{d-j} \\
&= (-1)^{d-i}(-1)^d\binom{d-v}{i} \qquad \text{(補題 (9.3))} \\
&= (-1)^i\binom{d-v}{i} \\
&= (-1)^i(-1)^i\binom{v-d+i-1}{i} \qquad \text{(問 (9.2))} \\
&= \binom{v-d+i-1}{i}
\end{aligned}
$$

∎

(9.5) 命題　単体的 $(d-1)$-球面 Δ の f-列を $f(\Delta)=(f_0,f_1,\ldots,f_{d-1})$, h-列を $h(\Delta)=(h_0,h_1,\ldots,h_d)$, さらに，$f_0=v$ とする．いま，不等式

$$h_i \leqq \binom{v-d+i-1}{i}, \quad 0 \leqq i \leqq [d/2] \tag{4}$$

を仮定すると，

$$f_i \leqq f_i(\Delta(C(v,d))), \quad 0 \leqq i \leqq d-1$$

が成立する．

証明　命題 (9.4) によって

$$h_i \leqq h_i(\Delta(C(v,d))), \quad 0 \leqq i \leqq [d/2]$$

であるから，Dehn-Sommerville 方程式 (定理 (8.1)) によって

$$h_i \leqq h_i(\Delta(C(v,d))), \quad 0 \leqq i \leqq d \tag{5}$$

を得る．他方，それぞれの f_i は $h_0,h_1,\ldots,h_d$ の非負整数係数の線型結合であった (問 (8.2) 参照)．すると，不等式 (5) から

$$f_i \leqq f_i(\Delta(C(v,d))), \quad 0 \leqq i \leqq d-1$$

が従う. ∎

(9.6) 問　次元 $d-1$ の単体的複体 Δ で，その h-列 $h(\Delta)=(h_0,h_1,\ldots,h_d)$ は不等式 (4) を満たすが f-列 $f(\Delta)=(f_0,f_1,\ldots,f_{d-1})$ は (3) を満たさないものを例示せよ.

McMullen[23] は d 次元単体的凸多面体 $\mathcal{P}$ の境界複体 $\Delta(\mathcal{P})$ の h-列 $h(\Delta(\mathcal{P}))=(h_0,h_1,\ldots,h_d)$ が不等式 (4) を満たすことを Bruggesser-Mani[20] を使って証明した (1970 年). ここで，Bruggesser-Mani[20] は単体的凸多面体 $\mathcal{P}$ の境界複体 $\Delta(\mathcal{P})$ が 'shellable' と呼ばれるきわめて良好な組合せ論的構造を有することを保証している (§12 参照). しかし，一般の単体的 $(d-1)$-球面は shellable とは限らない*. 従って，McMullen の技巧 (のみ) では (一般の) 単体的 $(d-1)$-球面の上限予想を解決するには至らない (と思われる). 任意の単体的 $(d-1)$-球面 Δ の h-列 $h(\Delta)=(h_0,h_1,\ldots,h_d)$ が不等式 (4) を満たすことは，Stanley[28] によって，可換代数の巧妙な仕掛け (§10 参照) を経て証明された (1975 年).

他方，紙面の都合で詳細な議論は割愛するが，下限予想と呼ばれる予想も盛んに研究され，Barnette が肯定的に解決した (1973 年).

(9.7) 定理 (Barnette[17][18])　任意の単体的 $(d-1)$-球面 Δ の h-列 $h(\Delta)=(h_0,h_1,\ldots,h_d)$ は，不等式

$$h_1 \leqq h_i, \quad 2 \leqq i \leqq d-1$$

を満たす. ∎

---

*R. D. Edwards, The double suspension of a certain homology 3-sphere is $\mathbf{S}^5$, Notices Amer. Math. Soc. 22(1975), A-334.

下限定理を Δ の f-列 $f(\Delta)=(f_0,f_1,\ldots,f_{d-1})$, $f_0=v$, で表示すると,

$$\begin{cases} f_i \geqq \dbinom{d}{i} v - \dbinom{d+1}{i+1} i, & 1 \leqq i \leqq d-2 \\ f_{d-1} \geqq (d-1)v-(d+1)(d-2) \end{cases}$$

となる.

§10. Stanley-Reisner 環

次元 $d-1$ の単体的複体 Δ の頂点集合を $V=\{x_1,x_2,\ldots,x_v\}$ とする. 体 k を固定し, Δ の頂点 $x_1,x_2,\ldots,x_v$ を k 上の可換な変数と考える. 本節では,

$$A=k[x_1,x_2,\ldots,x_v]=\bigoplus_{n\geqq 0} A_n$$

を標準的な次数付けを持つ k 上の v-変数多項式環とする*. このとき, 次の条件 (☆) を満たす square-free** な単項式 $x_{i_1}x_{i_2}\cdots x_{i_r}$, $1\leqq i_1<i_2<\cdots<i_r\leqq v$, の全体が生成する $A=\bigoplus_{n\geqq 0}A_n$ の次数付イデアルを I_Δ で表す:

(☆)　$\{x_{i_1},x_{i_2},\ldots,x_{i_r}\}$ を頂点集合とするΔの面は存在しない.

(10.1) 例　右図の単体的複体を Δ とする ($d=3$, $v=4$) と, 条件 (☆) を満たす $A=k[x_1,x_2,x_3,x_4]$ の square-free な単項式は x_1x_4, $x_2x_3x_4$, $x_1x_3x_4$, $x_1x_2x_4$, $x_1x_2x_3x_4$ である. すると,

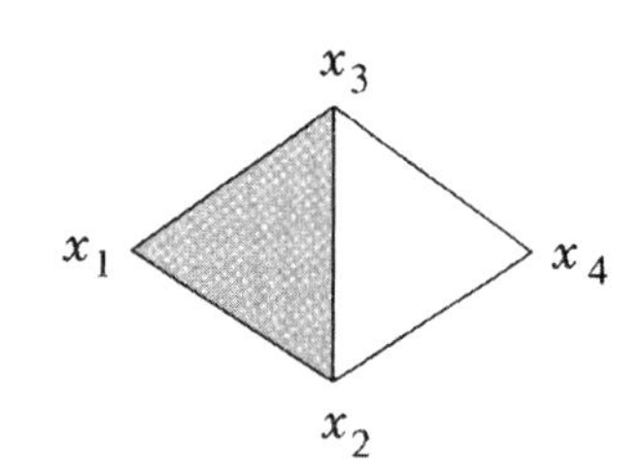

$$I_\Delta=(x_1x_4,\ x_2x_3x_4)$$

となる.

---

*例 (4.1) で $\deg x_i=e_i=1(1\leqq i\leqq v)$ とした場合である.

**単項式が square-free であるとは, その単項式を構成する各々の変数のベキが 1 であるときにいう.

(10.2) 補題　多項式環 $A = k[x_1, x_2, \ldots, x_v]$ の単項式 $\rho = x_1^{a_1} x_2^{a_2} \cdots x_v^{a_v}$ が次数付イデアル I_Δ に属するためには,

$$\mathrm{supp}\,(\rho) := \{x_i | a_i > 0\}$$

を頂点集合とする Δ の面が存在しないことが必要十分である.

証明　十分性は明白であるから必要性を示す. いま, $\rho \in I_\Delta$ とすると $\rho = \xi\zeta$ となる単項式 $\xi \in A$ と条件 (☆) を満たす square-free な単項式 $\zeta \in I_\Delta$ が存在する. このとき, $\mathrm{supp}\,(\zeta) \subset \mathrm{supp}\,(\rho)$ である. 他方, $\mathrm{supp}\,(\zeta)$ を頂点集合とする Δ の面は存在しない. すると, Δ が単体的複体であることから* $\mathrm{supp}\,(\rho)$ を頂点集合とする Δ の面は存在しない. ∎

(10.3) 問　多項式環 $A = k[x_1, x_2, \ldots, x_v]$ の次数付イデアル I は square-free な単項式 (ただし, 変数 x_i を除く) で生成されていると仮定する. このとき, 頂点集合 $V = \{x_1, x_2, \ldots, x_v\}$ を持つ単体的複体 Δ で, $I = I_\Delta$ となるものが存在することを示せ.

我々は, 次数付商代数

$$k[\Delta] := A/I_\Delta = \bigoplus_{n \geqq 0} (k[\Delta])_n$$

を単体的複体 Δ の **Stanley-Reisner 環**と呼ぶ.

(10.4) 補題　次の条件を満たす $k[\Delta]$ の単項式 $\rho = x_1^{a_1} x_2^{a_2} \ldots x_v^{a_v}$ の全体は k 上の線型空間 $(k[\Delta])_n$ の基底を成す：

(i)　$a_1 + a_2 + \ldots + a_v = n$;

(ii)　$\mathrm{supp}\,(\rho)$ を頂点集合とする Δ の面が存在する.

---

*単体的複体 Δ の頂点集合 V の部分集合 W を頂点とする Δ の面が存在するならば, W の任意の部分集合 U に対して U を頂点集合とする Δ の面も存在する. 一般の多面体的複体はこのような性質を有しない.

証明　多項式環 $A = k[x_1, x_2, \ldots, x_v]$ の単項式 $\rho = x_1^{a_1} x_2^{a_2} \ldots x_v^{a_v}$ が I_Δ に属さないためには $\mathrm{supp}\,(\rho)$ を頂点集合とする Δ の面が存在することが必要十分である (補題 (10.2)). 従って，条件 (i) と (ii) を満たす $k[\Delta]$ の単項式 ρ の全体の集合は線型空間 $(k[\Delta])_n$ の基底である. ∎

(10.5) 系　単体的複体 Δ の f-列を $f(\Delta) = (f_0, f_1, \ldots, f_{d-1})$ とするとき，$k[\Delta] = \bigoplus_{n \geqq 0} (k[\Delta])_n$ の Hilbert 函数は

$$H(k[\Delta], n) = \begin{cases} 1 & n = 0 \text{ のとき} \\ \displaystyle\sum_{i=0}^{d-1} f_i \binom{n-1}{i} & n > 0 \text{ のとき} \end{cases}$$

である. ∎

(10.6) 問　系 (10.5) を証明せよ.

(10.7) 問　頂点集合 $V = \{x_1, x_2, \ldots, x_v\}$ を持つ多面体的複体 Γ があったとき，条件 (☆) で $A = k[x_1, x_2, \ldots, x_v]$ のイデアル I_Γ と $k[\Gamma] = A/I_\Gamma = \bigoplus_{n \geqq 0} (k[\Gamma])_n$ を定義する. このとき，系 (10.5) は必ずしも成立しない. その理由を述べよ. たとえば，右図の多面体的複体を Γ とすると，$f(\Gamma) = (4, 4, 1)$, $I_\Gamma = (xz, yw)$ である. 系 (10.5) が成立しないことを確かめよ.

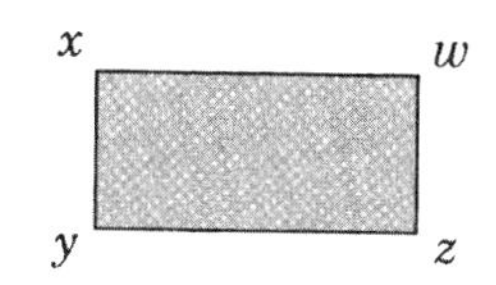

(10.8) 命題　単体的複体 Δ の h-列を $h(\Delta) = (h_0, h_1, \ldots, h_d)$ とするとき，$k[\Delta] = \bigoplus_{n \geqq 0} (k[\Delta])_n$ の Hilbert 級数は

$$F(k[\Delta], \lambda) = \frac{h_0 + h_1 \lambda + \cdots + h_d \lambda^d}{(1 - \lambda)^d}$$

である.

証明

$$
\begin{aligned}
F(k[\Delta],\lambda) &= \sum_{n=0}^{\infty} H(k[\Delta],n)\lambda^n \\
&= 1+\sum_{n=1}^{\infty}\left\{\sum_{i=0}^{d-1} f_i \binom{n-1}{i}\right\}\lambda^n & (\text{系 }(10.5)) \\
&= 1+\sum_{i=0}^{d-1} f_i \left\{\sum_{n=i+1}^{\infty}\binom{(i+1)+(n-i-1)-1}{(i+1)-1}\lambda^n\right\} \\
&= 1+\sum_{i=0}^{d-1} f_i \left\{\sum_{n=0}^{\infty}\binom{(i+1)+n-1}{(i+1)-1}\lambda^n\right\}\lambda^{i+1} \\
&= 1+\sum_{i=0}^{d-1} f_i \frac{\lambda^{i+1}}{(1-\lambda)^{i+1}} & (\text{問 }(5.3)) \\
&= 1+\sum_{i=1}^{d} f_{i-1} \frac{\lambda^{i}}{(1-\lambda)^{i}} \\
&= \frac{\displaystyle\sum_{i=0}^{d} f_{i-1}\lambda^i(1-\lambda)^{d-i}}{(1-\lambda)^d} \\
&= \frac{\lambda^d\displaystyle\sum_{i=0}^{d} f_{i-1}\left(\frac{1}{\lambda}-1\right)^{d-i}}{(1-\lambda)^d} \\
&= \frac{\lambda^d\displaystyle\sum_{i=0}^{d} h_i\left(\frac{1}{\lambda}\right)^{d-i}}{(1-\lambda)^d} \\
&= \frac{\displaystyle\sum_{i=0}^{d} h_i\lambda^i}{(1-\lambda)^d}
\end{aligned}
$$

∎

(10.9) 命題　Krull-dim $k[\Delta] = d\ (= \dim\Delta + 1)$.

証明　簡単のため，単体的複体 Δ の面 σ の頂点集合を $[\sigma]$ で表す．単体的複

体 Δ の面 σ があったとき，$k[\Delta]=\bigoplus_{n\geqq 0}(k[\Delta])_n$ の単項式 x^σ を

$$x^\sigma=\prod_{x_i\in[\sigma]}x_i$$

で定義する．すなわち，単項式 x^σ は面 σ の頂点全体の積である．他方，

$$\theta_i:=\sum_{\sigma:(i-1)\text{-面}}x^\sigma\in(k[\Delta])_i,\quad 1\leqq i\leqq d$$

と置く．ただし，σ は Δ の $(i-1)$-面の全体を動く．このとき，$k[\Delta]$ の斉次元の列 $\theta_1,\theta_2,\ldots,\theta_d$ が $k[\Delta]$ の巴系であることを示す．

まず，$\theta_1,\theta_2,\ldots,\theta_d$ が代数的独立であることをいうために，Δ の $(d-1)$-面 τ を固定し，τ の頂点を $y_1,y_2,\ldots,y_d$ とする．いま，$J=(x_i;x_i\not\in[\tau])\subset k[\Delta]$ とすると，次数付商代数 $k[\Delta]/J$ は $y_1,y_2,\ldots,y_d$ を変数とする k 上の d-変数多項式環であって，$k[\Delta]/J$ において $\theta_1,\theta_2,\ldots,\theta_d$ は $y_1,y_2,\ldots,y_d$ の基本対称式である．従って，問 (6.5) によって，$\theta_1,\theta_2,\ldots,\theta_d$ は $k[\Delta]/J$ において (すると，$k[\Delta]$ においても) 代数的独立である．

さて，$\theta_1,\theta_2,\ldots,\theta_d$ が $k[\Delta]$ の巴系であることを示すには，整数 $M>0$ を十分大きく選んで

$$x_i^M\in(\theta_1,\theta_2,\ldots,\theta_d),\quad 1\leqq i\leqq v$$

となることをいえばよい (問 (6.4) 参照)．いま，x_i を任意に固定し，Δ の面 σ で 条件「$[\sigma]\cup\{x_i\}$ を頂点集合とする Δ の面が存在しない」を満たすものが存在したと仮定する．このとき，単体的複体 $\Delta'=\Delta-\{\tau\in\Delta|\sigma\subset\tau\}$ を考えると，Δ の面の個数に関する帰納法によって，

$$x_i^{M'}\in(\theta_1,\theta_2,\ldots,\theta_d,x^\sigma)$$

なる整数 $M'>0$ が存在する．すると，$k[\Delta]$ で $x_ix^\sigma=0$ であるから

$$x_i^{M'+1}\in(\theta_1,\theta_2,\ldots,\theta_d)$$

を得る．他方，Δ の任意の面 σ に対して，$[\sigma]\cup\{x_i\}$ を頂点集合とする Δ の面が存在すると仮定する．このとき，

$$\theta_1=x_i+\theta_1'$$

$$\theta_2 = x_i\theta'_1 + \theta'_2$$
$$\theta_3 = x_i\theta'_2 + \theta'_3$$
$$\cdots$$
$$\theta_d = x_i\theta'_{d-1}$$

と表せる．すると，

$$x_i^{d-1}\theta_1 = x_i^d + x_i^{d-1}\theta'_1$$
$$x_i^{d-2}\theta_2 = x_i^{d-1}\theta'_1 + x_i^{d-2}\theta'_2$$
$$x_i^{d-3}\theta_3 = x_i^{d-2}\theta'_2 + x_i^{d-3}\theta'_3$$
$$\cdots$$
$$\theta_d = x_i\theta'_{d-1}$$

であるから，

$$x_i^d = x_i^{d-1}\theta_1 - x_i^{d-2}\theta_2 + \cdots + (-1)^{d-1}\theta_d$$

を得る．従って

$$x_i^d \in (\theta_1, \theta_2, \ldots, \theta_d)$$

となる． ∎

一般に，

$$\theta = c_1x_1 + c_2x_2 + \cdots + c_vx_v, \quad c_i \in k$$

が $k[\Delta]$ の次数1の斉次元で，Δ の面 σ の頂点が $x_{i_1}, x_{i_2}, \ldots, x_{i_r}$ のとき，次数1の斉次元 $\theta|_\sigma$ を

$$\theta|_\sigma = c_{i_1}x_{i_1} + c_{i_2}x_{i_2} + \cdots + c_{i_r}x_{i_r}$$

で定義する．このとき，次数1の斉次元の列 $\theta_1, \theta_2, \ldots, \theta_d$ が $k[\Delta]$ の巴系となるための必要十分条件は次の条件が満たされることである：任意の $0 \leqq i \leqq d-1$ と任意の i-面 $\sigma \in \Delta$ に対して，$\theta_1|_\sigma$, $\theta_2|_\sigma, \ldots, \theta_d|_\sigma$ が張る $(k[\Delta])_1$ の線型部分空間の次元は $i+1$ である．

(10.10) 例 例 (10.1) の単体的複体 Δ の Stanley-Reisner 環 $k[\Delta]$ の巴系とその分離系として，$\theta_1 = x_1 + x_4$, $\theta_2 = x_2$, $\theta_3 = x_3; \eta_1 = 1, \eta_2 = x_4$ が選べる．なお，$f(\Delta) = (4, 5, 1)$, $h(\Delta) = (1, 1, 0, -1)$ だから，命題 (10.8) を使って，$F(k[\Delta], \lambda) = (1 + \lambda - \lambda^3)/(1 - \lambda)^3$ となる．すると，系 (7.3) によって，$k[\Delta]$ は Cohen-Macaulay 環ではない．

(10.11) 問 下図の単体的複体 Δ に対して，$k[\Delta]$ の次数 1 の斉次元から成る巴系とその分離系を求めよ．また，Hilbert 級数 $F(k[\Delta], \lambda)$ を計算せよ．

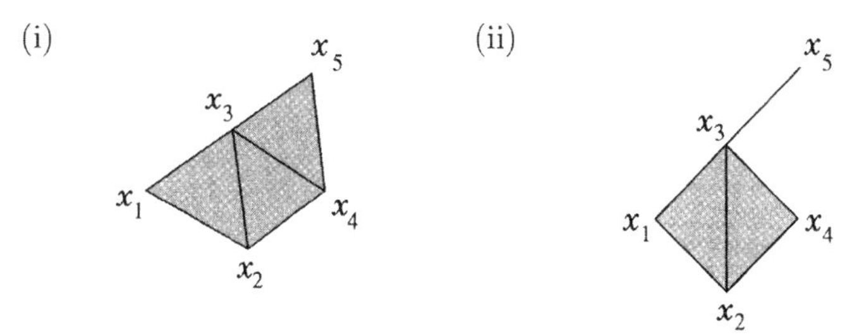

頂点集合 $V = \{x_1, x_2, \ldots, x_v\}$ を持つ $d - 1$ 次元単体的複体 Δ の h-列を $h(\Delta) = (h_0, h_1, \ldots, h_d)$ とし，その Stanley-Reisner 環 $k[\Delta]$ は Cohen-Macaulay 環であると仮定する．次数付代数 $k[\Delta] = \bigoplus_{n \geqq 0}(k[\Delta])_n$ は標準的であって，その Krull 次元は d である (命題 (10.9)) から，体 k が無限体であれば，次数 1 の斉次元から成る $k[\Delta]$ の巴系 $\theta_1, \theta_2, \ldots, \theta_d$ が存在する (系 (6.2))．いま，$k[\Delta]$ の次数付商代数

$$S := A/(\theta_1, \theta_2, \ldots, \theta_d) = \bigoplus_{i \geqq 0} S_i$$

を考えると，補題 (7.1) と命題 (10.8) を使って，

$$H(S, i) = \dim_k S_i = h_i, \quad 0 \leqq i \leqq d$$

を知る．ところが，$S = \bigoplus_{i \geqq 0} S_i$ は標準的な次数付代数で

$$\dim_k S_1 = h_1 = v - d$$

である (問 (3.3)) から，$\dim_k S_i = h_i$ は $(v - d)$-変数の i 次の単項式の個数を

越えない．従って，

$$0 \leqq h_i \leqq \binom{v-d+i-1}{i}, \quad 0 \leqq i \leqq d.$$

である．このとき，命題 (9.5) を適用すると，上限予想を肯定的に解決するには，任意の単体的 $(d-1)$-球面 Δ の Stanley-Reisner 環 $k[\Delta]$ が Cohen-Macaulay 環であることを示せばよい (Stanley[27])．そんな折，幸運の女神が Stanley に微笑む．すなわち，Stanley がこのような模索をしていた頃，Hochster の弟子 Reisner は (上限予想を知らず！) 学位論文で $k[\Delta]$ を研究し，$k[\Delta]$ が Cohen-Macaulay 環になるための topological な判定法を発見した (定理 (12.1) 参照)．その帰結として

(10.12) 定理 (Reisner[26])　任意の単体的 $(d-1)$-球面 Δ の Stanley-Reisner 環 $k[\Delta]$ は Cohen-Macaulay 環である． ∎

(10.13) 定理 (Stanley[28])　単体的 $(d-1)$-球面に対して，上限予想が成立する． ∎

§11.　被約 homology 群

代数的位相幾何学に馴染みのない読者のために，被約 homology 群の定義と諸例を集約する．証明と解説を割愛している定理，命題，例については (しかるべき機会があったら) 代数的位相幾何学の標準的な教科書 ([9] など) を参照することが望ましい (ただし，今すぐ，という差し迫った必要はない)．被約 Mayer-Vietoris 完全系列 (定理 (11.12)) を使って，具体的な例の計算 (問 (11.14) など) を実行することが重要である．他方，命題 (11.16) の事実は単体的複体 Δ に付随する Stanley-Reisner 環 $k[\Delta]$ が Cohen-Macaulay 環となるための判定法 (§12 参照) を適用する際の鍵となる．代数的位相幾何学を習得している読者は，被約 Euler 標数と Dehn-Sommerville 方程式に関する補題 (11.17) を除き，本節の他の部分は省略しても差し障りはない．

体 k を固定し，次元 $d-1$ の単体的複体 Δ の頂点集合を $V=\{x_1, x_2, \ldots, x_v\}$ とする．まず，Δ のすべての i-面の集合を基底とする k 上の線型空間を

$$C_i = C_i(\Delta; k)$$

で表す．特に，C_{-1} は $\{\emptyset\}$ を基底とする 1 次元線型空間である．他方，$i<-1$ または $i>d-1$ のとき，$C_i=(0)$ である．

次に，線型写像

$$\partial_i : C_i \to C_{i-1}$$

を以下のように定義する：線型空間 C_iの基底の元 (すなわち，Δ の i-面) σ の頂点が

$$x_{\ell_0}, x_{\ell_1}, \ldots, x_{\ell_i} \quad (1 \leqq \ell_0 < \ell_1 < \cdots < \ell_i \leqq v) \tag{6}$$

であるとき，$\partial_i(\sigma)$ を

$$\partial_i(\sigma) = \sum_{j=0}^{i} (-1)^j (\sigma - \{x_{\ell_j}\})$$

で定義する．ただし，$\sigma - \{x_{\ell_j}\}$ は $x_{\ell_0}, x_{\ell_1}, \ldots, x_{\ell_{j-1}}, x_{\ell_{j+1}}, \ldots, x_{\ell_i}$ を頂点とする Δ の $(i-1)$-面 (すなわち，線型空間 C_{i-1} の基底の元) を表す．(補題 (10.2) の証明の脚注を参照せよ．)

(11.1) 例　右図の単体的複体を Δ とする ($d=3$, $v=5$)．このとき，線型空間 C_{-1}, C_0, C_1, C_2 の次元は，それぞれ，1, 5, 6, 1 であって，たとえば，

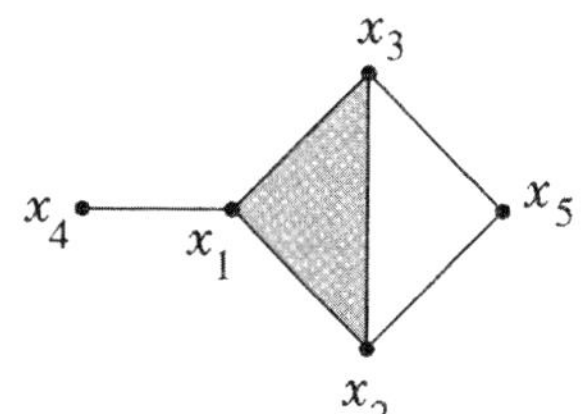

である．

すると，線型空間と線型写像の列

$$\cdots \to 0 \overset{\partial_d}{\to} C_{d-1} \overset{\partial_{d-1}}{\to} \cdots \overset{\partial_2}{\to} C_1 \overset{\partial_1}{\to} C_0 \overset{\partial_0}{\to} C_{-1} \overset{\partial_{-1}}{\to} 0 \to \cdots \tag{7}$$

が得られる．ただし，$\{x_i\} \overset{\partial_0}{\mapsto} \emptyset, \emptyset \overset{\partial_{-1}}{\mapsto} 0$ である．

(11.2) 補題　$\partial_{i-1} \circ \partial_i = 0$.

証明　実際，Δ の i-面 σ の頂点が (6) であるとき，写像 ∂_{i-1} と ∂_i の定義によって $\partial_{i-1} \circ \partial_i$ を計算すると，

$$\begin{aligned}
(\partial_{i-1} \circ \partial_i)(\sigma) &= \partial_{i-1}(\partial_i(\sigma)) \\
&= \partial_{i-1}\left(\sum_{j=0}^{i}(-1)^j(\sigma - \{x_{\ell_j}\})\right) \\
&= \sum_{j=0}^{i}(-1)^j \partial_{i-1}(\sigma - \{x_{\ell_j}\}) \\
&= \sum_{j=0}^{i}(-1)^j \left\{\sum_{q=0}^{j-1}(-1)^q(\sigma - \{x_{\ell_q}, x_{\ell_j}\}) \right. \\
&\qquad\qquad \left. + \sum_{q=j}^{i-1}(-1)^q(\sigma - \{x_{\ell_j}, x_{\ell_{q+1}}\})\right\} \\
&= \sum_{0 \leqq q < j \leqq i}(-1)^{j+q}(\sigma - \{x_{\ell_q}, x_{\ell_j}\}) \\
&\qquad\qquad + \sum_{0 \leqq j \leqq q \leqq i-1}(-1)^{j+q}(\sigma - \{x_{\ell_j}, x_{\ell_{q+1}}\}) \\
&= \sum_{0 \leqq q < j \leqq i}(-1)^{j+q}(\sigma - \{x_{\ell_q}, x_{\ell_j}\})
\end{aligned}$$

$$+ \sum_{0 \leqq j < q \leqq i} (-1)^{j+q-1}(\sigma - \{x_{\ell_j}, x_{\ell_q}\})$$

$$= \sum_{0 \leqq q < j \leqq i} (-1)^{j+q}(\sigma - \{x_{\ell_q}, x_{\ell_j}\})$$

$$+ \sum_{0 \leqq q < j \leqq i} (-1)^{j+q-1}(\sigma - \{x_{\ell_q}, x_{\ell_j}\})$$

$$= 0$$

を得る． ∎

(11.3) 系　任意の i に対して，

$$\mathrm{Im}\,(\partial_{i+1}) \subset \mathrm{Ker}\,(\partial_i) \subset C_i$$

である．ただし，$\mathrm{Im}\,(\partial_{i+1})$ は ∂_{i+1} の像，$\ker(\partial_i)$ は ∂_i の核である． ∎

我々は，線型商空間

$$\widetilde{H}_i(\Delta; k) := \mathrm{Ker}\,(\partial_i)/\mathrm{Im}\,(\partial_{i+1})$$

を，係数体 k を持つ Δ の i 番目の**被約 homology 群**と呼ぶ．特に，$i < -1$ または $i > d-1$ のとき，$\widetilde{H}_i(\Delta; k) = (0)$ である．さらに，$\Delta \neq \{\emptyset\}$ ならば，$\mathrm{Ker}\,(\partial_{-1}) = C_{-1}$, $\mathrm{Im}\,(\partial_0) = C_{-1}$ であるから，$\widetilde{H}_{-1}(\Delta; k) = (0)$ である．他方，$\Delta = \{\emptyset\}$ (次元 -1 の単体的複体) とすると，

$$\widetilde{H}_i(\Delta; k) \cong \begin{cases} k & i = -1 \text{ のとき} \\ (0) & i \neq -1 \text{ のとき} \end{cases}$$

である．

(11.4) 問　単体的複体 Δ の幾何学的実現 $|\Delta|$ の連結成分の個数は

$$1 + \dim_k \widetilde{H}_0(\Delta; k)$$

に一致することを示せ．

(11.5) 例　右図の単体的複体 Δ を考える．まず，$\Delta \neq \{\emptyset\}$ だから $\widetilde{H}_{-1}(\Delta;k)=(0)$，次に，問 (11.4) を使って $\widetilde{H}_0(\Delta;k)=(0)$，さらに，$\partial_2$ は単射であるから $\widetilde{H}_2(\Delta;k)=(0)$ を得る．他方，$\dim_k \mathrm{Im}\,(\partial_2)=1$ であって

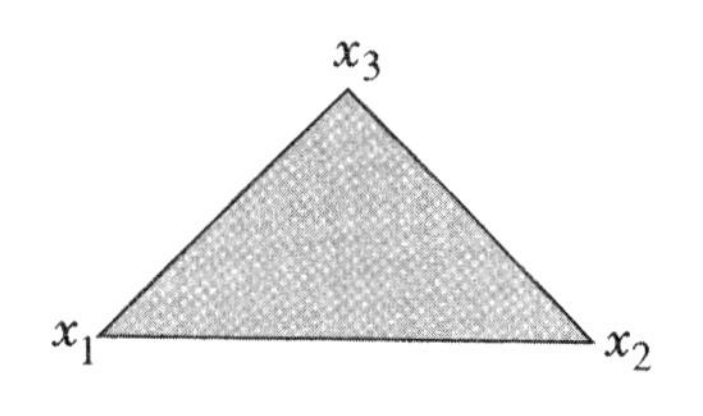

$$\dim_k \mathrm{Ker}\,(\partial_1)=\dim_k C_1-\dim_k \mathrm{Im}\,(\partial_1)=3-2=1$$

である．すると，$\widetilde{H}_1(\Delta;k)=\mathrm{Ker}\,(\partial_1)/\mathrm{Im}\,(\partial_2)=(0)$ である．すなわち，Δ の任意の被約 homology 群は消滅する．なお，$|\Delta| \simeq_{\mathrm{homeo}} \mathbf{B}^2$ である．

(11.6) 問　例 (11.5) を真似て，右図の単体的複体 Δ の被約 homology 群は

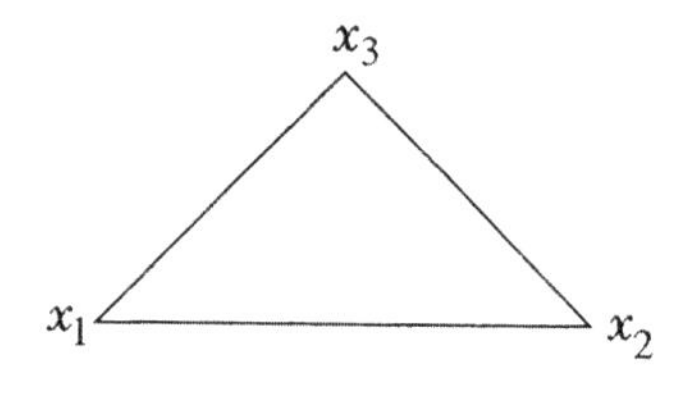

$$\widetilde{H}_{-1}(\Delta;k)=(0)$$
$$\widetilde{H}_0(\Delta;k)=(0)$$
$$\widetilde{H}_1(\Delta;k)\cong k$$

であることを確認せよ．なお，$|\Delta| \simeq_{\mathrm{homeo}} \mathbf{S}^1$ である．

(11.7) 例

(a)

$\Delta =$ （x, x, y, y） $\simeq_{\mathrm{homeo}}$ シリンダー

$$\widetilde{H}_0(\Delta;k)=\widetilde{H}_2(\Delta;k)=(0)\ ;\ \widetilde{H}_1(\Delta;k)\cong k$$

(b)

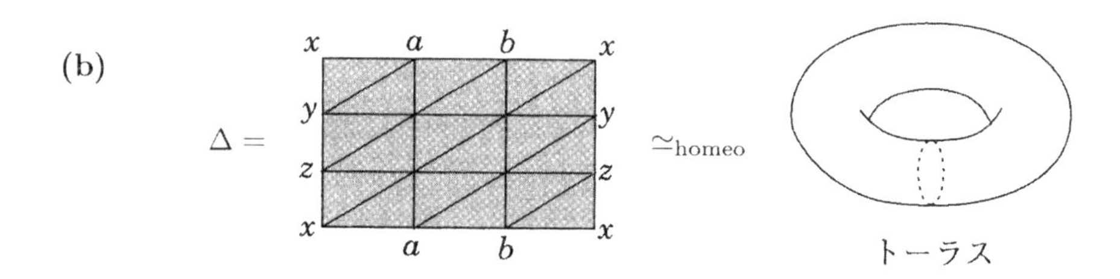

$$\widetilde{H}_0(\Delta;k) = \widetilde{H}_2(\Delta;k) = (0)\ ;\ \widetilde{H}_1(\Delta;k) \cong k$$

(c)

$\Delta =$ 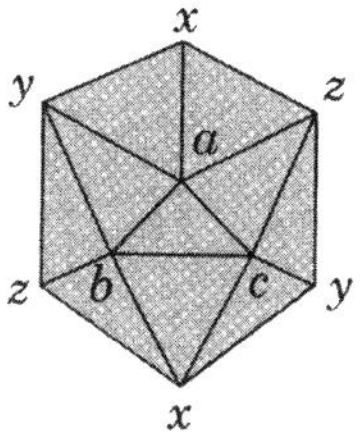 (実射影平面)

$$\widetilde{H}_1(\Delta;k) = \widetilde{H}_2(\Delta;k) \cong \begin{cases} (0) & k\text{の標数} \neq 2\text{のとき} \\ k & k\text{の標数} = 2\text{のとき} \end{cases}$$

さて,「単体的複体 Δ の被約 homology 群 $\widetilde{H}_i(\Delta;k)$ は topological な不変量である」ということが代数的位相幾何学の理論で保証されている. すなわち,

(11.8) 定理　単体的複体 Δ の幾何学的実現 $|\Delta|$ と Δ' の幾何学的実現 $|\Delta'|$ は同相であると仮定する. このとき, 線型空間の同型

$$\widetilde{H}_i(\Delta;k) \cong \widetilde{H}_i(\Delta';k)$$

が任意の i で成立する. ∎

単体的複体 Δ の **被約 Euler 標数** $\widetilde{\chi}(\Delta)$ を

$$\widetilde{\chi}(\Delta) = \sum_{i \geqq -1} (-1)^i \dim_k \widetilde{H}_i(\Delta;k)$$

で定義する. 特に, $\widetilde{\chi}(\{\emptyset\}) = -1$ である.

(11.9) 命題 (Euler-Poincaré 公式)　被約 Euler 標数 $\chi(\widetilde{\Delta})$ は体 k に依存しない. 実際, 等式

$$\widetilde{\chi}(\Delta) = -f_{-1} + f_0 - f_1 + \cdots + (-1)^{d-1} f_{d-1}$$

が成立する. ただし, $f(\Delta) = (f_0, f_1, \ldots, f_{d-1})$ は Δ の f-列で $f_{-1} = 1$, Δ の

次元を $d-1$ とする．（従って，Δ の h-列を $h(\Delta)=(h_0,h_1,\ldots,h_d)$ とすると，$h_d=(-1)^{d-1}\widetilde{\chi}(\Delta)$ となる（問 (3.3) 参照).）

証明　線型空間と線型写像の列 (7) を使って $\widetilde{\chi}(\Delta)$ を計算すると，

$$
\begin{aligned}
\widetilde{\chi}(\Delta) &= \sum_{i \geqq -1} (-1)^i \dim_k \widetilde{H}_i(\Delta;k) \\
&= \sum_{i \geqq -1} (-1)^i \{\dim_k(\operatorname{Ker}\partial_i) - \dim_k(\operatorname{Im}\partial_{i+1})\} \\
&= \sum_{i \geqq -1} (-1)^i \dim_k(\operatorname{Ker}\partial_i) + \sum_{i \geqq -1} (-1)^{i+1} \dim_k(\operatorname{Im}\partial_{i+1}) \\
&= \sum_{i \geqq 0} (-1)^i \{\dim_k(\operatorname{Ker}\partial_i) + \dim_k(\operatorname{Im}\partial_i)\} - \dim_k(\operatorname{Ker}\partial_{-1}) \\
&= \sum_{i \geqq 0} (-1)^i \dim_k C_i - 1 \\
&= \sum_{i \geqq 0} (-1)^i f_i - 1 \\
&= -f_{-1} + f_0 - f_1 + \cdots
\end{aligned}
$$

である．　■

次元 $d-1$ の単体的複体 Δ の幾何学的実現 $|\Delta|$ が $(d-1)$-次元球体 $\mathbf{B}^{d-1}$ に同相であるとき，単体的複体 Δ を **単体的 $(d-1)$-球体**と呼ぶ．

(11.10) 命題　**(a)** 単体的 $(d-1)$-球体 Δ の被約 homology 群は

$$\widetilde{H}_i(\Delta;k)=(0), \quad -1 \leqq i \leqq d-1$$

である．

(b) 単体的 $(d-1)$-球面 Δ の被約 homology 群は

$$\widetilde{H}_i(\Delta;k) \cong \begin{cases} 0 & i \neq d-1 \text{ のとき} \\ k & i = d-1 \text{ のとき} \end{cases}$$

である. ∎

次元 $d-1$ の単体的複体 Δ の **Betti 数列** $\beta(\Delta;k) = (\beta_0, \beta_1, \ldots, \beta_{d-1})$ を

$$\beta_i = \beta_i(\Delta;k) := \dim_k \widetilde{H}_i(\Delta;k), \quad 0 \leqq i \leqq d-1$$

で定義する. 単体的 $(d-1)$-球体 Δ の Betti 数列は $\beta(\Delta;k) = (0,0,\ldots,0)$ であり, 単体的 $(d-1)$-球面 Δ の Betti 数列は $\beta(\Delta;k) = (0,0,\ldots,0,1)$ となる.

(11.11) 系 **(a)** 単体的 $(d-1)$-球体 Δ の被約 Euler 標数は $\widetilde{\chi}(\Delta) = 0$ である.
(b) 単体的 $(d-1)$-球面 Δ の被約 Euler 標数は $\widetilde{\chi}(\Delta) = (-1)^{d-1}$ である. ∎

単体的複体 Δ の被約 homology 群を具体的に計算する際には, 被約 Mayer-Vietoris 完全系列が有益である. 一般に, Δ と Δ' が $\mathbf{R}^N$ の単体的複体であって, Δ' の任意の面が Δ に属するとき, Δ' を Δ の**部分複体**と呼ぶ. 単体的複体 Δ の部分複体 Δ' と Δ'' があったとき, Δ' と Δ'' の両者に属する単体の集合 $\Delta' \cap \Delta''$ は再び Δ の部分複体となる. さらに, Δ' と Δ'' の少なくとも一方に属する単体の集合 $\Delta' \cup \Delta''$ も Δ の部分複体となる.

(11.12) 定理 単体的複体 Δ とその部分複体 Δ', Δ'' があって $\Delta' \cup \Delta'' = \Delta$ となっていると仮定せよ. このとき, 次のような被約 homology 群の完全系列 (**被約 Mayer-Vietoris 完全系列**と呼ばれる) が存在する：

$$
\begin{aligned}
\cdots \to \widetilde{H}_i(\Delta' \cap \Delta''; k) \quad &\to \quad \widetilde{H}_i(\Delta'; k) \bigoplus \widetilde{H}_i(\Delta''; k) \quad \to \widetilde{H}_i(\Delta; k) \\
\to \widetilde{H}_{i-1}(\Delta' \cap \Delta''; k) &\to \widetilde{H}_{i-1}(\Delta'; k) \bigoplus \widetilde{H}_{i-1}(\Delta''; k) \to \widetilde{H}_{i-1}(\Delta; k) \\
\to \cdots & \\
\to \widetilde{H}_0(\Delta' \cap \Delta''; k) \quad &\to \quad \widetilde{H}_0(\Delta'; k) \bigoplus \widetilde{H}_0(\Delta''; k) \quad \to \widetilde{H}_0(\Delta; k) \\
\to \widetilde{H}_{-1}(\Delta' \cap \Delta''; k) &\to \widetilde{H}_{-1}(\Delta'; k) \bigoplus \widetilde{H}_{-1}(\Delta''; k) \to \widetilde{H}_{-1}(\Delta; k) \\
\to 0 &
\end{aligned}
$$

(11.13) 例　右図の単体的複体 Δ とその部分複体 Δ', Δ'' を考える．このとき，$\Delta' \cap \Delta''$ は単体的球体であるから，すべての被約 homology 群は消滅する．すると，被約 Mayer-Vietoris 完全系列を使って，

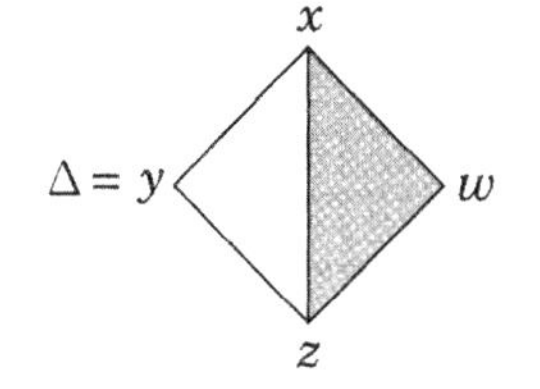

$$H_i(\Delta; k) \cong H_i(\Delta'; k) \bigoplus H_i(\Delta''; k)$$

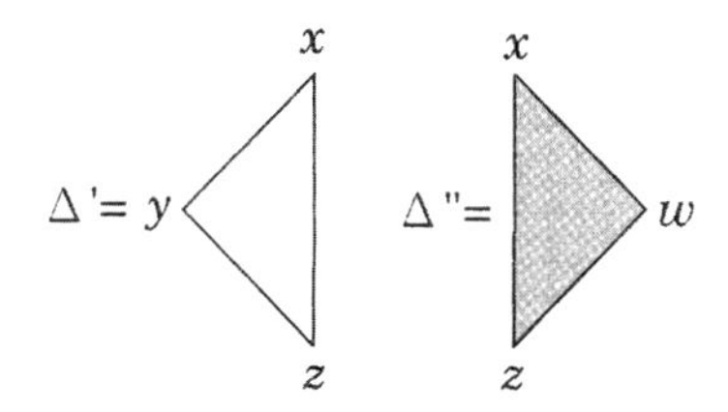

となる．さらに，Δ'' は単体的球体である．従って，Δ の被約 homology 群は単体的球面 Δ' の被約 homology 群と一致する．

(11.14) 問　下図の単体的複体の被約 homology 群を計算せよ．

(i)

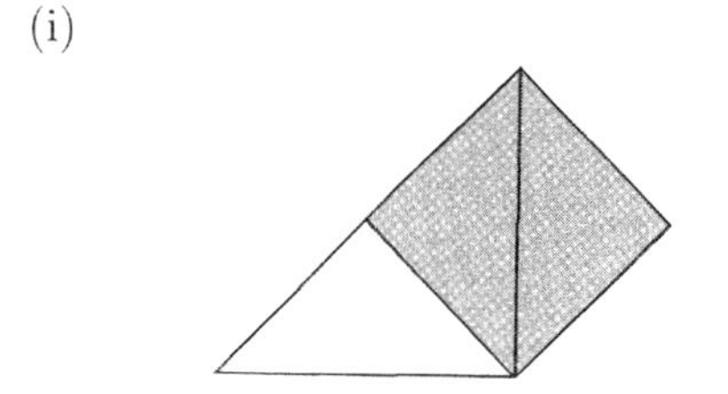

(ii)

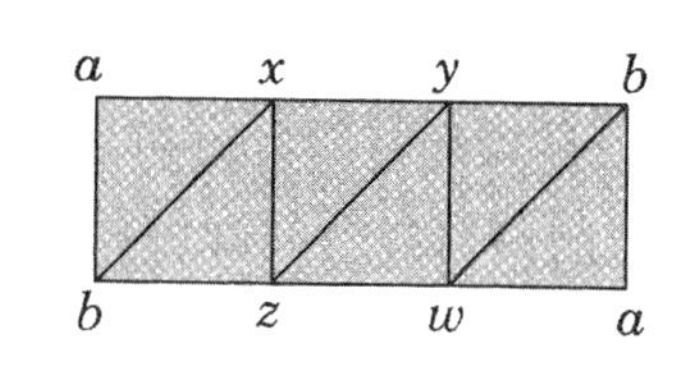

次元 $d-1$ の単体的複体 Δ の面 σ があったとき，次の条件を満たす Δ の面 τ の全体から成る Δ の部分複体を $\mathrm{link}_{\Delta}(\sigma)$ で表す：

(i)　　$\sigma \cap \tau = \emptyset$;

(ii)　σ と τ の両者を含む Δ の面が存在する*.

特に，$\mathrm{link}_{\Delta}(\emptyset) = \Delta$ である.

(11.15) 例

(a)

$\Delta =$ 　　$\mathrm{link}_{\Delta}(\overset{\bullet}{x}) =$

(b)

$\Delta =$ 　　$\mathrm{link}_{\Delta}(\overline{xy}) = \overset{\bullet}{z}$

(c)

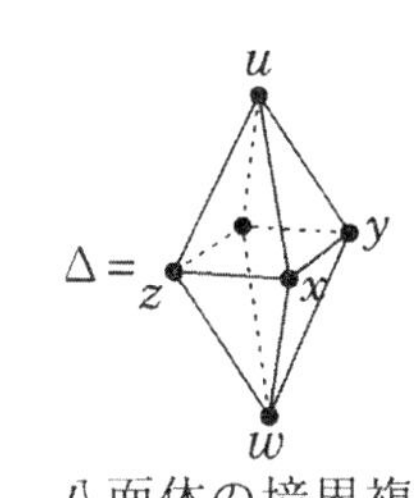

$\Delta =$

八面体の境界複体

$\mathrm{link}_{\Delta}(\overline{xy}) = \{u, w\} \simeq_{\mathrm{homeo}} S^0$

$\mathrm{link}_{\Delta}(\overset{\bullet}{x}) = \simeq_{\mathrm{homeo}} S^1$

(d)

$\Delta =$

$\mathrm{link}_{\Delta}(\overline{xy}) = \simeq_{\mathrm{homeo}} S^0$

$\mathrm{link}_{\Delta}(\overline{pq}) = \bullet \simeq_{\mathrm{homeo}} B^0$

*この条件 (ii) は $\mathrm{CONV}(\sigma \cup \tau) \in \Delta$ と同値である.

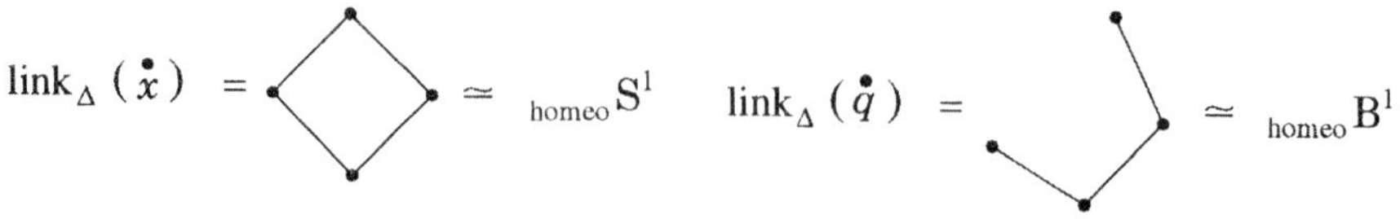

$\mathrm{link}_\Delta(\dot{x}) =$ $\simeq_{\mathrm{homeo}} \mathrm{S}^1$　　$\mathrm{link}_\Delta(\dot{q}) =$ $\simeq_{\mathrm{homeo}} \mathrm{B}^1$

(11.16) 命題　**(a)** 空間 $\mathbf{R}^N$ の単体的 $(d-1)$-球体 Δ の幾何学的実現 $|\Delta| \subset \mathbf{R}^N$ の (アフィン部分空間 AFF$(|\Delta|)$ に関する) 境界に含まれる Δ の面の全体から成る Δ の部分複体を $\partial\Delta$ で表す*．このとき

(i)　i-面 σ が $\partial\Delta$ に属さなければ，$\mathrm{link}_\Delta(\sigma)$ の被約 homology 群は単体的 $((d-1)-(i+1))$-球面の被約 homology 群と一致する；

(ii)　i-面 σ が $\partial\Delta$ に属すれば，$\mathrm{link}_\Delta(\sigma)$ の被約 homology 群は単体的 $((d-1)-(i+1))$-球体の被約 homology 群と一致する．

(b) 単体的 $(d-1)$-球面 Δ の i-面 σ があったとせよ．このとき，$\mathrm{link}_\Delta(\sigma)$ の被約 homology 群は単体的 $((d-1)-(i+1))$-球面の被約 homology 群と一致する．　■

すると，単体的 $(d-1)$-球面 Δ の任意の i-面 σ は $\widetilde{\chi}(\mathrm{link}_\Delta(\sigma)) = (-1)^{(d-1)-(i+1)}$ を満たす (系 (11.11) 参照)．この事実と次の補題 (11.17) から，単体的球面の Dehn-Sommerville 方程式 (定理 (8.1)) が従う．

(11.17) 補題　次元 $d-1$ の単体的複体 Δ の任意の i-面 σ $(-1 \leqq i \leqq d-1)$ に対して

$$\widetilde{\chi}(\mathrm{link}_\Delta(\sigma)) = (-1)^{(d-1)-(i+1)}$$

が成立すると仮定する．このとき，Δ の h-列 $h(\Delta) = (h_0, h_1, \ldots, h_d)$ は，等式

$$h_i = h_{d-i}, \quad 0 \leqq i \leqq d$$

*すると，$\partial\Delta$ は単体的 $(d-2)$-球面である．

を満たす.

証明 便宜上，単体的複体 Δ の面 σ の頂点集合を $[\sigma]$ で表す．すると，σ が i-面のとき $\#[\sigma] = i+1$ である．また，簡単のため，τ が σ の面 ($\tau = \sigma, \tau = \emptyset$ を含む) のとき $\tau \subset \sigma$ で表すことにする．このとき

$$
\begin{aligned}
\sum_{i=0}^{d} h_i x^i &= x^d \sum_{i=0}^{d} h_i \left(\frac{1}{x}\right)^{d-i} \\
&= x^d \sum_{i=0}^{d} f_{i-1} \left(\frac{1-x}{x}\right)^{d-i} \\
&= \sum_{i=0}^{d} f_{i-1} x^i (1-x)^{d-i} \\
&= \sum_{\sigma \in \Delta} x^{\#[\sigma]} (1-x)^{d-\#[\sigma]} \\
&= \sum_{\sigma \in \Delta} \sum_{\tau \subset \sigma} (x-1)^{\#[\sigma]-\#[\tau]} (1-x)^{d-\#[\sigma]} \\
&\quad \left(\text{等式 } x^{\#[\sigma]} = \sum_{\tau \subset \sigma} (x-1)^{\#[\sigma]-\#[\tau]} \text{を示すには} \right. \\
&\quad \left. x^n = \{(x-1)+1\}^n \text{を二項展開すればよい.}\right) \\
&= \sum_{\tau \in \Delta} (x-1)^{d-\#[\tau]} \sum_{\tau \subset \sigma \in \Delta} (-1)^{d-\#[\sigma]} \\
&= \sum_{\tau \in \Delta} (x-1)^{d-\#[\tau]} (-1)^{d-1-\#[\tau]} \sum_{\tau \subset \sigma \in \Delta} (-1)^{\#[\sigma]-\#[\tau]-1} \\
&= \sum_{\tau \in \Delta} (x-1)^{d-\#[\tau]} (-1)^{d-1-\#[\tau]} \widetilde{\chi}(\mathrm{link}_{\Delta}(\tau)) \\
&= \sum_{\tau \in \Delta} (x-1)^{d-\#[\tau]} = \sum_{i=0}^{d} f_{i-1} (x-1)^{d-i} = \sum_{i=0}^{d} h_i x^{d-i}
\end{aligned}
$$

となり所期の等式が従う. ∎

§12. Cohen-Macaulay 単体的複体

単体的複体 Δ に付随する Stanley-Reisner 環 $k[\Delta]$ が Cohen-Macaulay 環であるとき，Δ は k 上 (の) **Cohen-Macaulay** (単体的複体) であるといわれる．

(12.1) 定理 (Reisner[26])　単体的複体 Δ が体 k 上の Cohen-Macaulay 単体的複体であるための必要十分条件は，Δ の任意の面 σ ($\sigma = \emptyset$ も含む) と任意の $i \neq \dim(\mathrm{link}_{\Delta}(\sigma))$ に対して，

$$\widetilde{H}_i(\mathrm{link}_{\Delta}(\sigma);\, k) = 0$$

となることである． ∎

すると，Cohen-Macaulay 単体的複体 Δ の任意の面 σ に対して，$\mathrm{link}_{\Delta}(\sigma)$ も Cohen-Macaulay である．さらに，Cohen-Macaulay 単体的複体 Δ の幾何学的実現 $|\Delta|$ は連結である (問 (11.4) 参照)．他方，定理 (12.1) で $\sigma = \emptyset$ (すなわち，$\mathrm{link}_{\Delta}(\emptyset) = \Delta$) のときを考．えれば，次元 $d-1$ の Cohen-Macaulay 単体的複体の Betti 数列は

$$\beta(\Delta\,;\,k) = (0, 0, \ldots, 0, (-1)^{d-1}\widetilde{\chi}(\Delta))$$

である．

定理 (12.1) と命題 (11.10)，命題 (11.16) を併用することで，定理 (10.12) が得られる．すなわち，

(12.2) 系　単体的 $(d-1)$-球面および単体的 $(d-1)$-球体は，任意の体上 Cohen-Macaulay である． ∎

定理 (12.1) の証明を理解するためには，Cohen-Macaulay 環の深い理論，たとえば，局所 cohomology 群の概念などの習得が不可欠である．第 2 章で展開した可換代数の知識のみを仮定し，局所 cohomology 群などの必要な道具を (限られた原稿枚数の範囲で) 準備し，定理 (12.1) の証明を解説することは，至難の業であるとともに，本著の元来の目的からも著しく逸脱する．読者が (定理 (12.1) を含めて) Stanley-Reisner 環の環論的側面に興味を持つならば，可換代数の現代的理論にいささかでも慣れた後に，Cohen-Macaulay 環の本格的な (そして優れた) 教科書 [2] を熟読することが有益である．

(12.3) 例　例 (11.7) の (a) と (b) の単体的複体は Cohen-Macaulay ではない．他方，(c) の単体的複体を Δ とすると，Δ の面 $\sigma \neq \emptyset$ の $\mathrm{link}_{\Delta}(\sigma)$ は単体的球面である．従って，体 k の標数 $\neq 2$ のとき，Δ は k 上 Cohen-Macaulay となる．他方，体 k の標数 $= 2$ のとき，Δ は k 上 Cohen-Macaulay ではない．

(12.4) 問　下図の単体的複体で Cohen-Macaulay であるものを選べ．

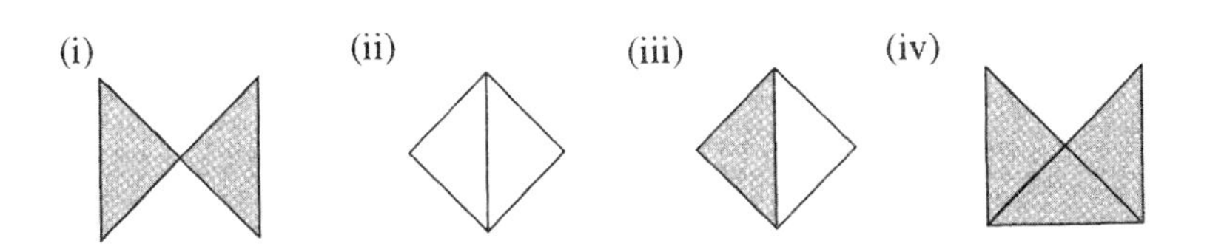

(12.5) 問　**(a)** 次元 0 の単体的複体は Cohen-Macaulay であることを示せ．
(b) 次元 1 の単体的複体 Δ が Cohen-Macaulay となるための必要十分条件を探せ．

(12.6) 命題　任意の Cohen-Macaulay 単体的複体 Δ は純 (すなわち，Δ の極大な面の次元はすべて等しい) である．

証明　任意の極大な面 σ と τ を取って，σ の頂点 x と τ の頂点 y を適当に選

ぶ．幾何学的実現 $|\Delta|$ は連結であるから，x と y を Δ の辺 (1-面) で結んで，

$x=x_0$ — x_1 — x_2 — $\cdots$ — x_{n-1} — $x_n=y$

とできる．いま，$\sigma_0=\sigma$, $\sigma_{n+1}=\tau$ とし，さらに，x_{i-1} — x_i を含む Δ の極大な面 σ_i を選ぶ $(1 \leqq i \leqq n)$．このとき，$\mathrm{link}_{\Delta}(\{x_i\})$ は Cohen-Macaulay であるから，(帰納法の仮定で) $\mathrm{link}_{\Delta}(\{x_i\})$ は純な単体的複体である．すると，$\dim\sigma_i=\dim\sigma_{i+1}$, $0 \leqq i \leqq n$, である．従って，$\dim\sigma=\dim\tau$ を得る． ∎

(12.7) 補題　空間 $\mathbf{R}^N$ の単体的複体 Δ とその部分複体 Δ', Δ'' があって，$\Delta=\Delta'\cup\Delta''$ となっていると仮定する．いま，条件

(i)　Δ' および Δ'' は次元 $d-1$ の Cohen-Macaulay 単体的複体である；

(ii)　$\Delta'\cap\Delta''$ は次元 $d-2$ の Cohen-Macaulay 単体的複体である

が満たされるならば，Δ は (次元 $d-1$ の) Cohen-Macaulay 単体的複体である．

証明　定理 (12.1) を使って，

$$\widetilde{H}_i(\Delta'\,;k)=\widetilde{H}_i(\Delta''\,;k)=\widetilde{H}_{i-1}(\Delta'\cap\Delta''\,;k)=(0),\quad i<d-1$$

である．すると，被約 Mayer-Vietoris 完全系列 (定理 (11.12)) は

$$\widetilde{H}_i(\Delta\,;k)=(0),\quad i<d-1$$

を保証する．次に，Δ の面 σ があったとき，$\sigma\in\Delta'$ かつ $\sigma\notin\Delta''$ であれば，

$$\mathrm{link}_{\Delta'\cup\Delta''}(\sigma)=\mathrm{link}_{\Delta'}(\sigma)$$

であって，Δ' が次元 $d-1$ の Cohen-Macaulay 単体的複体であることから，

$$\widetilde{H}_i(\mathrm{link}_{\Delta'\cup\Delta''}(\sigma)\,;k)=(0),\quad i<\dim(\mathrm{link}_{\Delta'\cup\Delta''}(\sigma))$$

を得る．他方，σ が Δ' と Δ'' の共通の面であれば，

$$\mathrm{link}_{\Delta'\cup\Delta''}(\sigma)=\mathrm{link}_{\Delta'}(\sigma)\cup\mathrm{link}_{\Delta''}(\sigma)$$
$$\mathrm{link}_{\Delta'\cap\Delta''}(\sigma)=\mathrm{link}_{\Delta'}(\sigma)\cap\mathrm{link}_{\Delta''}(\sigma)$$

であって，さらに，

$$\begin{aligned}\dim(\mathrm{link}_{\Delta'}(\sigma)) &= \dim(\mathrm{link}_{\Delta''}(\sigma)) \\ &= \dim(\mathrm{link}_{\Delta'\cup\Delta''}(\sigma)) \\ &= \dim(\mathrm{link}_{\Delta'\cap\Delta''}(\sigma)) + 1\end{aligned}$$

であるから，被約 Mayer-Vietoris 完全系列の Δ' と Δ'' を $\mathrm{link}_{\Delta'}(\sigma)$ と $\mathrm{link}_{\Delta''}(\sigma)$ で置き換えると，

$$\widetilde{H}_i(\mathrm{link}_{\Delta'\cup\Delta''}(\sigma)\,;k) = (0), \quad i < \dim(\mathrm{link}_{\Delta'\cup\Delta''}(\sigma))$$

を得る．すると，定理 (12.1) を再び使って，Δ が Cohen-Macaulay 単体的複体であることを知る．∎

次元 $d-1$ の純な単体的複体 Δ が **shellable** であるとは，Δ のすべての $(d-1)$-面の適当な並べ換え（'shelling' と呼ばれる）

$$F_1, F_2, \ldots, F_s$$

で，任意の $1 < i \leqq s$ に対して，

$$\left(\bigcup_{j=1}^{i-1} \overline{F_j}\right) \cap \overline{F_i}$$

が次元 $d-2$ の純な単体的複体となるものが存在するときにいう．ただし，

$$\overline{F_i} := \{\sigma \in \Delta \mid \sigma \subset F_i\}$$

である．

(12.8) 例　次図の単体的複体は shellable であって，$F_1, F_2, \ldots, F_7$ はその（ひとつの）shelling である．

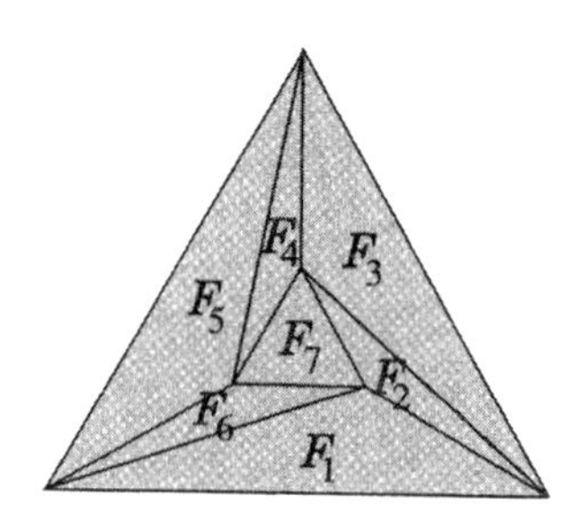

(12.9) 問　下図の単体的複体 (i) は shellable であるが，(ii) は shellable ではないことを示せ．

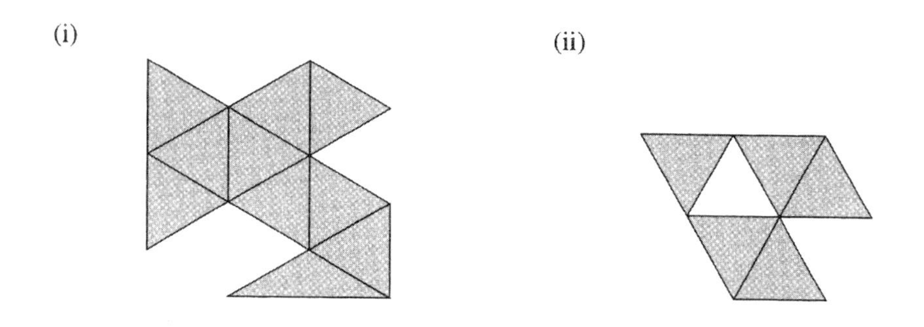

ところで，Bruggesser-Mani[20] によって「単体的凸多面体 $\mathcal{P}$ の境界複体$\Delta(\mathcal{P})$ は shellable である」ということが保証されている．この事実は (問 (9.6) の直後で述べたように) 1McMullen[23] の議論において本質的な役割を果たしている．さらに，後述する Hochster の定理 (定理 (14.18)) の証明においても不可欠である．

(12.10) 命題　単体的複体 Δ が shellable であれば，Δ は任意の体上 Cohen-Macaulay である．

証明　単体的複体 Δ の次元を $d-1$，その shelling を $F_1, F_2, \ldots, F_s$ とし，$(d-1)$-面の個数 $(= s)$ についての帰納法で証明する．いま $s > 1$ とし，$\Delta' = \bigcup_{j=1}^{s-1} \overline{F_j}$

とすると，shellable 単体的複体の定義より，Δ' は shellable である．すると，(帰納法の仮定で) 部分複体 Δ' は Cohen-Macaulay である．さて，Δ' と F_s は次元 $d-1$ の Cohen-Macaulay 単体的複体であり，$\Delta = \Delta' \cup F_s$ となる．他方，$(d-1)$-単体 F_s の部分複体 $\Delta' \cap F_s$ は純かつ次元 $d-2$ であるから，$\Delta' \cap F_s$ は単体的 $(d-2)$-球体または単体的 $(d-2)$-球面となる．従って，$\Delta' \cap F_s$ は Cohen-Macaulay である (系 (12.2)) から，補題 (12.7) によって，単体的複体 Δ も Cohen-Macaulay である． ∎

第4章　凸多面体の Ehrhart 多項式

太古より，凸多面体に含まれる格子点を数え上げる話題は多数の数学者を魅了し，様々な理論が築き上げられた．フランスの高等学校 (リセ) の先生であった Ehrhart は，1955 年頃，凸多面体 $\mathcal{P}$ の‘ふくらまし’ $n\mathcal{P}$ に含まれる格子点の個数を考察し，幾つかの興味深い結果を得た．昨今，Ehrhart の仕事は可換代数，代数幾何などとも深い接点を持つことが判明し，盛んな研究活動が展開されている．本章では，Ehrhart の仕事を紹介しその代数的背景と幾つかの関連する話題を解説する．

§13.　Ehrhart 多項式と Ehrhart の相互法則

空間 $\mathbf{R}^N$ の点 $(\alpha_1, \alpha_2, \ldots, \alpha_N)$ は $\alpha_i \in \mathbf{Z}$ (あるいは，$\alpha_i \in \mathbf{Q}$), $1 \leqq i \leqq N$, のとき**整数点***(あるいは，**有理点**) と呼ばれる．凸多面体 $\mathcal{P} \subset \mathbf{P}^N$ が**整** (あるいは，**有理的**) であるとは，$\mathcal{P}$ の任意の頂点が整数点 (あるいは，有理点) であるときにいう．

凸多面体 $\mathcal{P} \subset \mathbf{R}^N$ は次元 d の整凸多面体であると仮定し，$\partial\mathcal{P}$ を $\mathcal{P}$ の境界とする．与えられた整数 $n > 0$ に対して，

$$n\mathcal{P} := \{n\boldsymbol{\alpha} \mid \boldsymbol{\alpha} \in \mathcal{P}\}$$

*整数点は格子点とも呼ばれる．

$$n(\mathcal{P}-\partial\mathcal{P}):=\{n\boldsymbol{\alpha} \mid \boldsymbol{\alpha}\in\mathcal{P}-\partial\mathcal{P}\}$$

と置き，函数 $i(\mathcal{P},n)$ と $i^*(\mathcal{P},n)$ を

$$i(\mathcal{P},n):=\#(n\mathcal{P}\cap\mathbf{Z}^N)$$
$$i^*(\mathcal{P},n):=\#(n(\mathcal{P}-\partial\mathcal{P})\cap\mathbf{Z}^N)$$

で定義する．換言すれば，非負整数 $i(\mathcal{P},n)$ は $\mathcal{P}\cap\mathbf{Q}^N$ に属する点 $(\alpha_1,\alpha_2,\ldots,\alpha_N)$ で $n\alpha_i\in\mathbf{Z}$, $1\leqq i\leqq N$, となるものの個数，$i^*(\mathcal{P},n)$ は $(\mathcal{P}-\partial\mathcal{P})\cap\mathbf{Z}^N$ に属する点 $(\alpha_1,\alpha_2,\ldots,\alpha_N)$ で $n\alpha_i\in\mathbf{Z}$, $1\leqq i\leqq N$, となるものの個数である．

他方，函数 $i(\mathcal{P},n)$ と $i^*(\mathcal{P},n)$ に付随する母函数 $F(\mathcal{P},\lambda)$ と $F^*(\mathcal{P},\lambda)$ を

$$F(\mathcal{P},\lambda)=1+\sum_{n=1}^{\infty}i(\mathcal{P},n)\lambda^n$$
$$F^*(\mathcal{P},\lambda)=\sum_{n=1}^{\infty}i^*(\mathcal{P},n)\lambda^n$$

で定義する．

(13.1) 例　頂点 $(0,0,0)$, $(0,1,1)$, $(1,0,1)$, $(1,1,0)$ を持つ四面体 $\mathcal{F}\subset\mathbf{R}^3$ を考える．すると，$n\mathcal{F}$ は $(0,0,0)$, $(0,n,n)$, $(n,0,n)$, $(n,n,0)$ を頂点とする四面体である．簡単な計算から

$$i(\mathcal{F},n):=\#(n\mathcal{F}\cap\mathbf{Z}^3)=(n^3+3n^2+5n+3)/3$$
$$i^*(\mathcal{F},n):=\#(n\mathcal{F}-\partial\mathcal{F})\cap\mathbf{Z}^3)=(n^3-3n^2+5n-3)/3$$

を得る．このとき，$i(\mathcal{F},n)$ は n に関する多項式で，その次数は $\mathcal{F}$ の次元に一致する．さらに，$-i(\mathcal{F},-n)=i^*(\mathcal{F},n)$ であることに注意する．

(13.2) 問　頂点 $(0,0,0)$, $(0,1,1)$, $(1,0,1)$, $(2,1,0)$ を持つ四面体 $\mathcal{F}\subset\mathbf{R}^3$ の $i(\mathcal{F},n)$ と $i^*(\mathcal{F},n)$ を計算せよ．

しばらくの間，単体 $\mathcal{F} \subset \mathbf{R}^N$ の $i(\mathcal{F}, n)$ と $i^*(\mathcal{F}, n)$ を議論する*．空間 $\mathbf{R}^N$ の整 d-単体 $\mathcal{F}$ を固定し，その頂点集合を $\{\boldsymbol{v}_0, \boldsymbol{v}_1, \ldots, \boldsymbol{v}_d\}$ とする．いま，$\widetilde{\mathcal{F}} \subset \mathbf{R}^{N+1}$ を

$$\widetilde{\mathcal{F}} := \{(\boldsymbol{\alpha}, 1) \in \mathbf{R}^{N+1} \mid \boldsymbol{\alpha} \in \mathcal{F} \subset \mathbf{R}^N\}$$

で定義する．

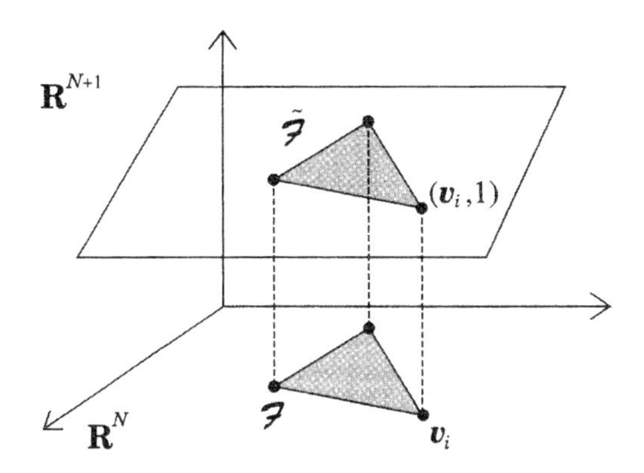

このとき，$\widetilde{\mathcal{F}} \subset \mathbf{R}^{N+1}$ は整 d-単体であって，その頂点は $(\boldsymbol{v}_0, 1), (\boldsymbol{v}_1, 1), \ldots, (\boldsymbol{v}_d, 1)$ である．また，$\widetilde{\mathcal{F}}$ の境界は $\partial\widetilde{\mathcal{F}}$ は

$$\partial\widetilde{\mathcal{F}} := \{(\boldsymbol{\alpha}, 1) \in \mathbf{R}^{N+1} \mid \boldsymbol{\alpha} \in \partial\mathcal{F} \subset \mathbf{R}^N\}$$

である．さらに，任意の $n > 0$ で，等式

$$i(\mathcal{F}, n) = i(\widetilde{\mathcal{F}}, n)$$
$$i^*(\mathcal{F}, n) = i^*(\widetilde{\mathcal{F}}, n)$$

が成立する．

次に，$\mathbf{R}^{N+1}$ の部分集合 $\mathcal{C} = \mathcal{C}(\widetilde{\mathcal{F}})$ と $\partial\mathcal{C} = \partial\mathcal{C}(\widetilde{\mathcal{F}})$ を

$$\mathcal{C} = \{r\boldsymbol{\beta} \mid \boldsymbol{\beta} \in \widetilde{\mathcal{F}} \cap \mathbf{Q}^{N+1},\ 0 \leqq r \in \mathbf{Q}\}$$

---

*一般の整凸多面体 $\mathcal{P} \subset \mathbf{R}^N$ の $i(\mathcal{P}, n)$ と $i^*(\mathcal{P}, n)$ の考察は，命題 (13.11) の直前から始まる．

$$\partial\mathcal{C} = \{r\boldsymbol{\beta} \mid \boldsymbol{\beta} \in \partial\widetilde{\mathcal{F}} \cap \mathbf{Q}^{N+1},\ 0 \leqq r \in \mathbf{Q}\}$$

で定義する.

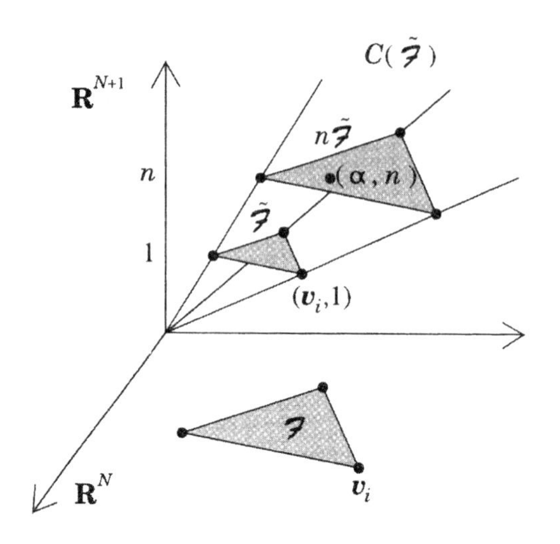

すると,

$$i(\mathcal{F}, n) = \#\{(\boldsymbol{\alpha}, n) \in \mathcal{C} \mid \boldsymbol{\alpha} \in \mathbf{Z}^N\} \tag{1}$$

$$i^*(\mathcal{F}, n) = \#\{(\boldsymbol{\alpha}, n) \in \mathcal{C} - \partial\mathcal{C} \mid \boldsymbol{\alpha} \in \mathbf{Z}^N\} \tag{2}$$

である.

(13.3) 補題 **(a)** 任意の有理点 $\boldsymbol{\alpha} \in \mathcal{C}$ は

$$\boldsymbol{\alpha} = \sum_{i=0}^{d} r_i(\boldsymbol{v}_i, 1), \quad 0 \leqq r_i \in \mathbf{Q}$$

なる型の一意的な表示を持つ.

(b) 任意の有理点 $\boldsymbol{\alpha} \in \mathcal{C} - \partial\mathcal{C}$ は

$$\boldsymbol{\alpha} = \sum_{i=0}^{d} r_i(\boldsymbol{v}_i, 1), \quad 0 < r_i \in \mathbf{Q}$$

なる型の一意的な表示を持つ. ∎

(13.4) 問 補題 (13.3) を証明せよ．

さて，整数点 $\boldsymbol{\alpha} \in \mathcal{C} \cap \mathbf{Z}^{N+1}$ で

$$\boldsymbol{\alpha} = \sum_{i=0}^{d} r_i(\boldsymbol{v}_i, 1), \quad 0 \leqq r_i < 1, \quad r_i \in \mathbf{Q}$$

と表されるもの全体の集合を S と置く．他方，整数点 $\boldsymbol{\alpha} \in (\mathcal{C} - \partial\mathcal{C}) \cap \mathbf{Z}^{N+1}$ で

$$\boldsymbol{\alpha} = \sum_{i=0}^{d} r_i(\boldsymbol{v}_i, 1), \quad 0 < r_i \leqq 1, \quad r_i \in \mathbf{Q}$$

と表されるもの全体の集合を S^* と置く．

(13.5) 補題 (a) 任意の整数点 $\boldsymbol{\alpha} \in \mathcal{C} \cap \mathbf{Z}^{N+1}$ に対して，

$$\boldsymbol{\alpha} = \sum_{i=0}^{d} q_i(\boldsymbol{v}_i, 1) + \boldsymbol{\beta}, \quad 0 \leqq q_i \in \mathbf{Z}, \quad \boldsymbol{\beta} \in S$$

なる型の一意的な表示が存在する．

(b) 任意の整数点 $\boldsymbol{\alpha} \in (\mathcal{C} - \partial\mathcal{C}) \cap \mathbf{Z}^{N+1}$ に対して，

$$\boldsymbol{\alpha} = \sum_{i=0}^{d} q_i(\boldsymbol{v}_i, 1) + \boldsymbol{\beta}, \quad 0 \leqq q_i \in \mathbf{Z}, \quad \boldsymbol{\beta} \in S^*$$

なる型の一意的な表示が存在する．

証明 補題 (13.3) を使う．整数点 $\boldsymbol{\alpha} \in \mathcal{C} \cap \mathbf{Z}^{N+1}$ があったとき，

$$\begin{aligned}\boldsymbol{\alpha} &= \sum_{i=0}^{d} r_i(\boldsymbol{v}_i, 1), \quad 0 \leqq r_i \in \mathbf{Q} \\ &= \sum_{i=0}^{d} [r_i](\boldsymbol{v}_i, 1) + \sum_{i=0}^{d} (r_i - [r_i])(\boldsymbol{v}_i, 1).\end{aligned}$$

すると，$[r_i] \geqq 0$, $1 > r_i - [r_i] \geqq 0$ だから，整数点 $\sum_{i=0}^{d}(r_i - [r_i])(\boldsymbol{v}_i, 1)$ は S に属する．

他方，整数点 $\boldsymbol{\alpha} \in (\mathcal{C} - \partial\mathcal{C}) \cap \mathbf{Z}^{N+1}$ があったとき，

$$\begin{aligned}\boldsymbol{\alpha} &= \sum_{i=0}^{d} r_i(\boldsymbol{v}_i, 1), \quad 0 < r_i \in \mathbf{Q} \\ &= \sum_{i=0}^{d}(\lceil r_i \rceil - 1)(\boldsymbol{v}_i, 1) + \sum_{i=0}^{d}(r_i - (\lceil r_i \rceil - 1))(\boldsymbol{v}_i, 1).\end{aligned}$$

すると*，$\lceil r_i \rceil - 1 \geqq 0,\ 1 \geqq r_i - (\lceil r_i \rceil - 1) > 0$ だから，整数点 $\sum_{i=0}^{d}(r_i - (\lceil r_i \rceil - 1))(\boldsymbol{v}_i, 1)$ は S^* に属する． ∎

空間 $\mathbf{R}^{N+1}$ の部分集合 $\mathcal{C}$ に属する整数点 $(\boldsymbol{\alpha}, n)$ の次数を

$$\deg(\boldsymbol{\alpha}, n) := n$$

で定義する．

(13.6) 命題　**(a)** 集合 S に属する次数 i の点の個数を δ_i で表す $(0 \leqq i \leqq d)$．このとき，

$$F(\mathcal{F}, \lambda) = 1 + \sum_{n=1}^{\infty} i(\mathcal{F}, n)\lambda^n = \frac{\delta_0 + \delta_1\lambda + \cdots + \delta_d\lambda^d}{(1-\lambda)^{d+1}}$$

が成立する．

(b) 集合 S^* に属する次数 i の点の個数を δ_i^* で表す $(1 \leqq i \leqq d+1)$．このとき，

$$F^*(\mathcal{F}, \lambda) = \sum_{n=1}^{\infty} i^*(\mathcal{F}, n)\lambda^n = \frac{\delta_1^*\lambda + \delta_2^*\lambda^2 + \cdots + \delta_{d+1}^*\lambda^{d+1}}{(1-\lambda)^{d+1}}$$

が成立する．

証明

$$1 + \sum_{n=1}^{\infty} i(\mathcal{F}, n)\lambda^n = \sum_{\boldsymbol{\alpha} \in \mathcal{C} \cap \mathbf{Z}^{N+1}} \lambda^{\deg \boldsymbol{\alpha}} \qquad (\text{等式 (1)})$$

*実数 r があったとき，$[r]$ は r よりも大きくない整数のなかで最大のもの，$\lceil r \rceil$ は r よりも小さくない整数のなかで最小のものを表す．

$$= \sum_{\substack{0 \leqq q_i \in \mathbf{Z} \\ \boldsymbol{\beta} \in S}} \lambda^{q_0+q_1+\cdots+q_d+\deg \boldsymbol{\beta}} \qquad \text{(補題 (13.5))}$$

$$= \sum_{\boldsymbol{\beta} \in S} \left(\sum_{0 \leqq q_i \in \mathbf{Z}} \lambda^{q_0+q_1+\cdots+q_d} \right) \lambda^{\deg \boldsymbol{\beta}}$$

$$= \sum_{\boldsymbol{\beta} \in S} \left(\sum_{0 \leqq q \in \mathbf{Z}} \lambda^{q} \right)^{d+1} \lambda^{\deg \boldsymbol{\beta}}$$

$$= \sum_{\boldsymbol{\beta} \in S} \left(\frac{1}{1-\lambda} \right)^{d+1} \lambda^{\deg \boldsymbol{\beta}}$$

$$= \frac{\sum_{\boldsymbol{\beta} \in S} \lambda^{\deg \boldsymbol{\beta}}}{(1-\lambda)^{d+1}}$$

$$= \frac{\delta_0 + \delta_1 \lambda + \cdots + \delta_d \lambda^d}{(1-\lambda)^{d+1}}$$

他方，S を S^* に置き換えて，等式 (2) と補題 (13.5) を適用すれば，$F^*(\mathcal{F}, \lambda)$ についての望む等式が得られる． ∎

(13.7) 補題 $\delta_i^* = \delta_{(d+1)-i}$, $1 \leqq i \leqq d+1$.

証明 いま，$(\boldsymbol{v}, d+1) = \sum_{i=0}^{d} (\boldsymbol{v}_i, 1)$ と置く．このとき，

$$\begin{aligned} S^* &= (\boldsymbol{v}, d+1) - S \\ &= \{(\boldsymbol{v}, d+1) - \boldsymbol{\alpha} \mid \boldsymbol{\alpha} \in S\} \end{aligned}$$

が従う．すると，

$$\begin{aligned} \delta_i^* &= \#\{\boldsymbol{\alpha} \in S^* \mid \deg \boldsymbol{\alpha} = i\} \\ &= \#\{\boldsymbol{\alpha} \in S \mid \deg \boldsymbol{\alpha} = (d+1) - i\} \\ &= \delta_{(d+1)-i} \end{aligned}$$

である． ∎

(13.8) 系　$(1-\lambda)^{d+1}F(\mathcal{F},\lambda)$ は λ に関する非負整数係数の多項式で，その次数は高々 d，定数項は 1 である．さらに，λ の有理函数としての等式

$$F^*(\mathcal{F},\lambda) = (-1)^{d+1}F\left(\mathcal{F},\frac{1}{\lambda}\right)$$

が成立する．

証明　命題 (13.6) から，$(1-\lambda)^{d+1}F(\mathcal{F},\lambda)$ は λ に関する多項式である．その係数 δ_i は非負整数，その次数は高々 d，定数項は $\delta_0 = 1$ である．他方，命題 (13.6) と補題 (13.7) を使うと，

$$F^*(\mathcal{F},\lambda) = \frac{\delta_d\lambda + \delta_{d-1}\lambda^2 + \cdots + \delta_0\lambda^{d+1}}{(1-\lambda)^{d+1}}$$

を得る．すると，$F^*(\mathcal{F},\lambda) = (-1)^{d+1}F\left(\mathcal{F},\frac{1}{\lambda}\right)$ である．∎

(13.9) 例　例 (13.1) の四面体 $\mathcal{F}$ を再考する．このとき，

$$i(\mathcal{F},n) = (n^3+3n^2+5n+3)/3 = \binom{n+3}{3} + \binom{n+1}{3}$$

である．従って，

$$\begin{aligned} 1+\sum_{n=1}^{\infty} i(\mathcal{P},n)\lambda^n &= 1+\sum_{n=1}^{\infty}\binom{n+3}{3}\lambda^n + \sum_{n=2}^{\infty}\binom{n+1}{3}\lambda^n \\ &= \sum_{n=0}^{\infty}\binom{n+3}{3}\lambda^n + \lambda^2\sum_{n=0}^{\infty}\binom{n+3}{3}\lambda^n \\ &= (1+\lambda^2)\sum_{n=0}^{\infty}\binom{n+3}{3}\lambda^n = \frac{1+\lambda^2}{(1-\lambda)^4} \end{aligned}$$

となる．すると，$\delta_0 = 1$, $\delta_1 = 0$, $\delta_2 = 1$, $\delta_3 = 0$ である．

(13.10) 問　空間 $\mathbf{R}^3$ の四面体 $\mathcal{F}$ の頂点を $(1,1,0)$, $(1,0,1)$, $(0,1,1)$ および $(-1,-1,-1)$ とする．このとき，δ_0, δ_1, δ_2, δ_3 を計算せよ．

続いて，一般の整凸多面体 $\mathcal{P} \subset \mathbf{R}^N$ に付随する函数 $i(\mathcal{P},n)$ と $i^*(\mathcal{P},n)$ の

考察に移る．その際，次の命題 (13.11) が鍵となる．

(13.11) 命題　次元 d の任意の凸多面体 $\mathcal{P} \subset \mathbf{R}^N$ と有限集合 $U \subset \mathcal{P}$ があって，$\mathcal{P}$ のすべての頂点は U に属すると仮定する．このとき，U を頂点集合とする $\mathbf{R}^N$ の単体的複体 Δ で，その幾何学的実現 $|\Delta|$ が $\mathcal{P}$ と一致するものが存在する． ∎

我々は，命題 (13.11) の単体的複体 Δ を，U を頂点集合とする $\mathcal{P}$ の**三角形分割**と呼ぶ．以下，そのような三角形分割を構成する具体的な方法を述べる．

(第 1 段)　凸多面体 $\mathcal{P}$ の頂点に順番を付けて，$\boldsymbol{\alpha}_1, \boldsymbol{\alpha}_2, \ldots, \boldsymbol{\alpha}_v$ とする．空でない面 $\mathcal{F}$ があったとき，$\mathcal{F}$ に属する頂点 $\boldsymbol{\alpha}_i$ で i が最小なものを $\omega(\mathcal{F})$ で表す．特に，$\omega(\mathcal{P}) = \boldsymbol{\alpha}_1$ である．

(第 2 段)　凸多面体 $\mathcal{P}$ の面の列

$$\Psi : \mathcal{F}_0 \subsetneqq \mathcal{F}_1 \subsetneqq \cdots \subsetneqq \mathcal{F}_{d-1} \subsetneqq \mathcal{P}$$

があって，$\mathcal{F}_i$ が $\mathcal{P}$ の i-面 $(0 \leqq i \leqq d-1)$ のとき (問 (1.33) 参照)，Ψ を $\mathcal{P}$ の**旗**と呼ぶ．さらに，旗 Ψ が**満員**であるとは，任意の $1 \leqq i \leqq d$ に対して，$\omega(\mathcal{F}_i)$ が $\mathcal{F}_{i-1}$ の頂点でないときにいう．

(第 3 段)　満員な旗 Ψ があったとき，$\omega(\mathcal{F}_0), \omega(\mathcal{F}_1), \ldots, \omega(\mathcal{F}_{d-1}), \omega(\mathcal{P})$ を頂点とする d-単体およびその面の全体の集合を $\Delta(\Psi)$ で表す．そして，

$$\Delta_0 = \bigcup_{\Psi:\text{満員な旗}} \Delta(\Psi)$$

と定義する．ここで，Ψ は満員な旗の全体を動く．このとき，Δ_0 は$\boldsymbol{\alpha}_1, \ldots, \boldsymbol{\alpha}_v$ を頂点集合とする $\mathcal{P}$ の三角形分割である．

(第 4 段)　次に，$U = \{\boldsymbol{\alpha}_1, \ldots, \boldsymbol{\alpha}_v, \boldsymbol{\beta}_1, \ldots, \boldsymbol{\beta}_j\}, j \geqq 1,$ とし，点 $\boldsymbol{\beta}_1$ を含む Δ_0 の面のなかで最小なもの σ を選ぶ．すると，$\boldsymbol{\beta}_1$ は σ の内部に属する．いま，σ の面 $\tau(\neq \sigma)$ の全体を $F(\sigma)$ で表し，頂点 $\boldsymbol{\beta}_1$ を持つ $F(\sigma)$ の上の錐 σ' を考える (次図参照)．

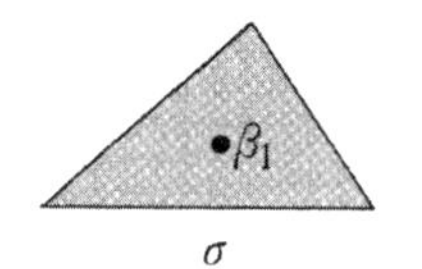

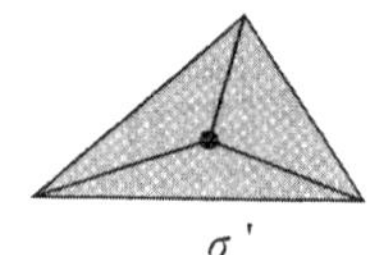

すなわち，

$$\sigma' = F(\sigma) \cup \{\mathrm{CONV}\,(\tau \cup \{\boldsymbol{\beta}_1\}) \mid \tau \in F(\sigma)\}$$

である．他方，$\mathrm{star}_{\Delta_0}(\sigma)$ と $\mathrm{link}_{\Delta_0}(\sigma)$ を

$$\mathrm{star}_{\Delta_0}(\sigma) = \{\tau \in \Delta_0 \mid \tau \subset \rho,\ \sigma \subset \rho \text{となる} \rho \in \Delta_0 \text{が存在する}\}$$
$$\mathrm{link}_{\Delta_0}(\sigma) = \{\tau \in \mathrm{star}_{\Delta_0}(\sigma) \mid \sigma \cap \tau = \emptyset\}$$

で定義し．さらに，

$$\mathrm{link}_{\Delta_0}(\sigma)' = \{\mathrm{CONV}\,(\tau \cup \rho) \mid \tau \in \mathrm{link}_{\Delta_0}(\sigma),\ \rho \in \sigma'\}$$

と置く (次図参照)．

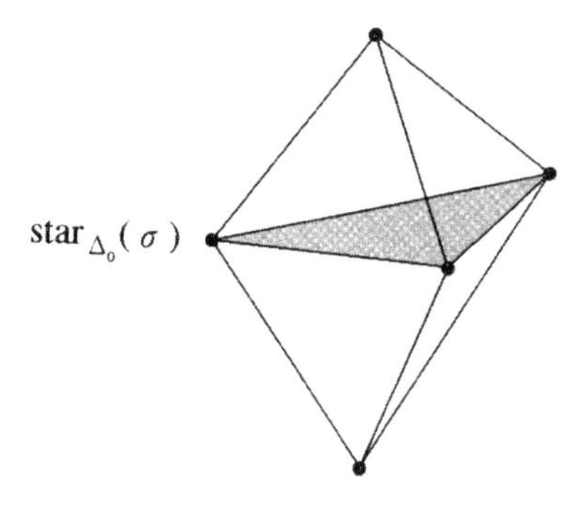

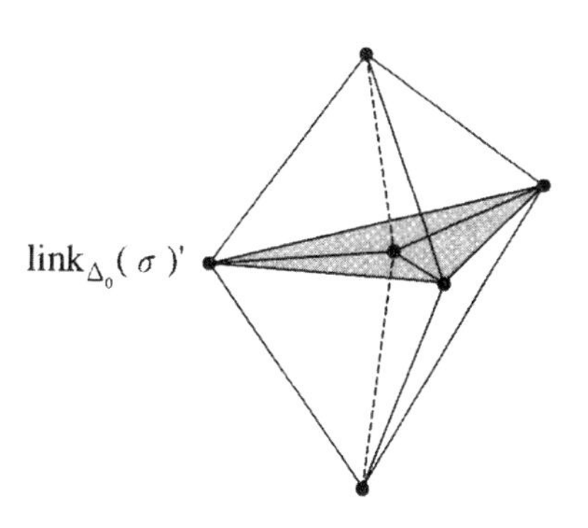

このとき，

$$\Delta_1 = (\Delta_0 - \mathrm{star}_{\Delta_0}(\sigma)) \cup \mathrm{link}_{\Delta_0}(\sigma)'$$

は $\{\boldsymbol{\alpha}_1, \ldots, \boldsymbol{\alpha}_v, \boldsymbol{\beta}_1\}$ を頂点集合とする $\mathcal{P}$ の三角形分割である．

(第 5 段)　さて，$j \geqq 2$ ならば，点 β_2 を含む Δ_1 の面のなかで最小なもの σ を選び，σ' および Δ_2 を (第 4 段) と同様に構成する．このとき，Δ_2 は $\{\boldsymbol{\alpha}_1, \ldots, \boldsymbol{\alpha}_v, \boldsymbol{\beta}_1, \boldsymbol{\beta}_2\}$ を頂点集合とする $\mathcal{P}$ の三角形分割である．以下，Δ_3, $\Delta_4, \ldots,$ を構成すれば，U を頂点集合とする $\mathcal{P}$ の三角形分割 $\Delta = \Delta_j$ が得られる．∎

(13.12) 例　空間 $\mathbf{R}^3$ において，下図のような $\boldsymbol{\alpha}_1, \ldots, \boldsymbol{\alpha}_6$ を頂点とする三角柱 $\mathcal{P}$ を考える．このとき，$\mathcal{P}$ の満員な旗は

である．すると，$\{\boldsymbol{\alpha}_1, \boldsymbol{\alpha}_2, \boldsymbol{\alpha}_3, \boldsymbol{\alpha}_6\}$, $\{\boldsymbol{\alpha}_1, \boldsymbol{\alpha}_2, \boldsymbol{\alpha}_5, \boldsymbol{\alpha}_6\}$, $\{\boldsymbol{\alpha}_1, \boldsymbol{\alpha}_4, \boldsymbol{\alpha}_5, \boldsymbol{\alpha}_6\}$ のそれぞれを頂点集合とする 3 個の 3-単体およびそれらの面の全体が $\boldsymbol{\alpha}_1, \ldots, \boldsymbol{\alpha}_6$ を頂点集合とする $\mathcal{P}$ の三角形分割である．

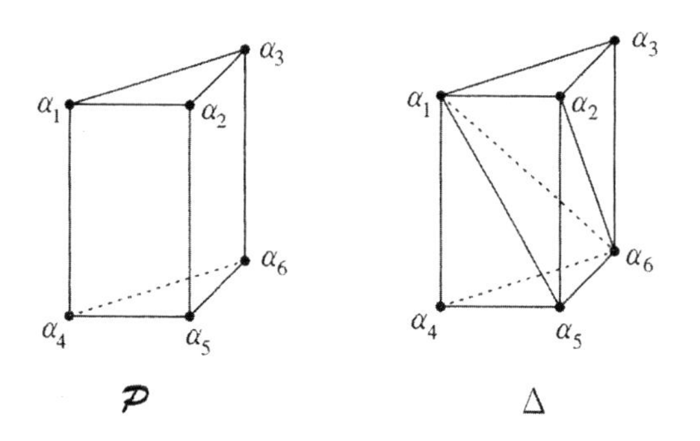

(13.13) 問　空間 $\mathbf{R}^3$ において，$\{(\pm1, \pm1, \pm1)\}$ を頂点集合 V とする立方体 $\mathcal{P}$ において，$U = V \cup \{(0, 0, -1)\}$ とする．このとき，U を頂点集合とする $\mathcal{P}$ の三角形分割を構成せよ．

(13.14) 定理　凸多面体 $\mathcal{P} \subset \mathbf{R}^N$ は次元 d の整凸多面体であると仮定せよ．このとき，

$$(1-\lambda)^{d+1}[1+\sum_{n=1}^{\infty} i(\mathcal{P}, n)\lambda^n]$$

は λ に関する多項式であって，その次数は高々 d である．

証明　凸多面体 $\mathcal{P} \subset \mathbf{R}^N$ は整であるから，有限集合 $U = \mathcal{P} \cap \mathbf{Z}^N$ は $\mathcal{P}$ のすべての頂点を含む．そこで，U を頂点集合とする $\mathcal{P}$ の三角形分割 Δ を固定する．このとき，

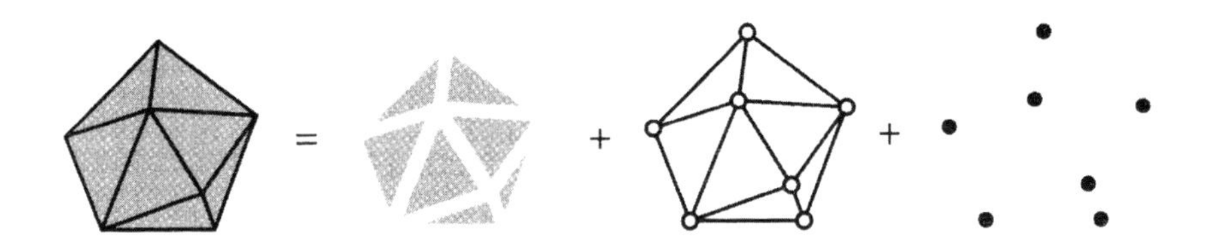

$$i(\mathcal{P}, n) = \sum_{\emptyset \neq \mathcal{F} \in \Delta} i^*(\mathcal{F}, n)$$

が成立する $(n = 1, 2, \cdots)$．ただし，

$$i(\bullet, n) = i^*(\bullet, n) = 1$$

である．従って，

$$\begin{aligned}(1-\lambda)^{d+1}&\left[1+\sum_{n=1}^{\infty} i(\mathcal{P}, n)\lambda^n\right] \\ &= (1-\lambda)^{d+1}\left[1+\sum_{\emptyset \neq \mathcal{F} \in \Delta}\left(\sum_{n=1}^{\infty} i^*(\mathcal{F}, n)\lambda^n\right)\right] \qquad (3)\end{aligned}$$

となる．ところで，系 (13.8) は

$$g(\mathcal{F}, \lambda) := (1-\lambda)^{\dim \mathcal{F}+1}\sum_{n=1}^{\infty} i^*(\mathcal{F}, n)\lambda^n$$

が λ に関する次数 $\dim\mathcal{F}+1$ の多項式で，最高次の係数は 1 であることを保証する．いま，等式 (3) を $g(\mathcal{F},\lambda)$ を使って表示すると，

$$\begin{aligned}(1-\lambda)^{d+1} &+ \sum_{\emptyset\neq\mathcal{F}\in\Delta}(1-\lambda)^{d-\dim\mathcal{F}}(1-\lambda)^{\dim\mathcal{F}+1}\sum_{n=1}^{\infty}i^*(\mathcal{F},n)\lambda^n \\ &= (1-\lambda)^{d+1} + \sum_{\emptyset\neq\mathcal{F}\in\Delta}(1-\lambda)^{d-\dim\mathcal{F}}g(\mathcal{F},\lambda) \qquad (4)\end{aligned}$$

となる．このとき，$(1-\lambda)^{d-\dim\mathcal{F}}g(\mathcal{F},\lambda)$ の次数は $d+1$ である．すると，我々が示すべきことは，等式 (4) における λ^{d+1} の係数が 0 となることである．この係数は

$$\begin{aligned}(-1)^{d+1}+\sum_{\emptyset\neq\mathcal{F}\in\Delta}(-1)^{d-\dim\mathcal{F}} &= (-1)^d\left[-1+\sum_{\emptyset\neq\mathcal{F}\in\Delta}(-1)^{\dim\mathcal{F}}\right] \\ &= (-1)^d\widetilde{\chi}(\Delta)\end{aligned}$$

である (命題 (11.9) 参照)．ところが，単体的複体 Δ は単体的 d-球体であるから，$\widetilde{\chi}(\Delta)=0$ である (系 (11.11))． ∎

我々は，次元 d の整凸多面体 $\mathcal{P}\subset\mathbf{R}^N$ の **δ-列** $\delta(\mathcal{P})=(\delta_0,\delta_1,\ldots,\delta_d)\in\mathbf{Z}^{d+1}$ を

$$(1-\lambda)^{d+1}\left[1+\sum_{n=1}^{\infty}i(\mathcal{P},n)\lambda^n\right]=\sum_{i=0}^{d}\delta_i\lambda^n$$

で定義する．すると，$\delta_0=1$, $\delta_1=i(\mathcal{P},1)-(d+1)=\#(\mathcal{P}\cap\mathbf{Z}^N)-(d+1)$ である．他方，$\mathcal{P}$ が整 d-単体であれば，$\delta(\mathcal{P})$ は非負 (すなわち，$\delta_i \geqq 0$, $0\leqq i\leqq d$) である (系 (13.8))．一般の整凸多面体の δ-列が非負であることは定理 (14.30) で議論する．

(13.15) 系　次元 d の整凸多面体 $\mathcal{P}\subset\mathbf{R}^N$ に付随する函数 $i(\mathcal{P},n)$ は n に関する次数 d の多項式で，$i(\mathcal{P},0)=1$ である．

証明　任意の整数 $n > 0$ に対して，$i(\mathcal{P}, n)$ は

$$(\delta_0 + \delta_1\lambda + \cdots + \delta_d\lambda^d)(1 + \lambda + \lambda^2 + \cdots)^{d+1}$$

における λ^n の係数である．すると，$n - i \geqq -d$ のとき

$$\binom{n-i+d}{d} = \frac{(n-i+d)(n-i+d-1)\cdots(n-i+1)}{d\,!}$$

であることを使うと，

$$\begin{aligned} i(\mathcal{P}, n) &= \sum_{i=0}^{d} \delta_i \binom{d+1+(n-i)-1}{n-i} \\ &= \sum_{i=0}^{d} \delta_i \binom{n-i+d}{d} \\ &= \sum_{i=0}^{d} \delta_i \frac{(n-i+d)(n-i+d-1)\cdots(n-i+1)}{d\,!} \\ &= \left[\left(\sum_{i=0}^{d} \delta_i \right) / d\,! \right] n^d + \cdots \end{aligned}$$

を得る．ところで，$\mathcal{P}$ が整 d-単体ならば $\sum_{i=0}^{d} \delta_i > 0$ である．すると，一般の d 次元整凸多面体 $\mathcal{P}$ でも $\sum_{i=0}^{d} \delta_i > 0$ となる．実際，$\mathcal{P}$ に含まれる整 d-単体 $\mathcal{F}$ を取れば，$i(\mathcal{F}, n)$ は n に関する次数 d の多項式である．明らかに $i(\mathcal{F}, n) \leqq i(\mathcal{P}, n)$, $n > 0$, であるから，$i(\mathcal{F}, n)$ の次数は $i(\mathcal{P}, n)$ の次数を越えない．従って，$i(\mathcal{P}, n)$ は n に関する次数 d の多項式である．さらに，

$$i(\mathcal{P}, 0) = \sum_{i=0}^{d} \delta_i \frac{(-i+d)(-i+d-1)\cdots(-i+1)}{d\,!}$$

だから，$i(\mathcal{P}, 0) = \delta_0 = 1$ を得る．∎

我々は，$i(\mathcal{P}, n)$ を整凸多面体 $\mathcal{P} \subset \mathbf{R}^N$ の **Ehrhart 多項式**と呼ぶ．

(13.16) 問　空間 $\mathbf{R}^d$ に含まれる d 次元整凸多面体 $\mathcal{P}$ の Ehrhart 多項式 $i(\mathcal{P}, n)$

の n^d の係数

$$\left(\sum_{i=0}^{d}\delta_i\right)/d\,!$$

は $\mathcal{P}$ の (通常の) 体積と一致することを幾何学的に解説せよ．

次元 d の整凸多面体 $\mathcal{P}\subset\mathbf{R}^N$ に付随する函数 $i(\mathcal{P},n)$ は n に関する次数 d の多項式であるから，$i(\mathcal{P},n)$ は任意の整数 n で定義される．このとき，等式 $i^*(\mathcal{P},n)=(-1)^d i(\mathcal{P},-n)$ を保証する (例 (13.1) 参照) のが **Ehrhart の相互法則**である．

(13.17) 定理　凸多面体 $\mathcal{P}\subset\mathbf{R}^N$ は次元 d の整凸多面体であると仮定し，$\delta(\mathcal{P})=(\delta_0,\delta_1,\ldots,\delta_d)$ を $\mathcal{P}$ の δ-列とする．このとき，

$$(1-\lambda)^{d+1}\sum_{n=1}^{\infty}i^*(\mathcal{P},n)\lambda^n=\sum_{i=0}^{d}\delta_{d-i}\lambda^{i+1}$$

である．従って，λ の有理函数としての等式

$$F^*(\mathcal{P},\lambda)=(-1)^{d+1}F\left(\mathcal{P},\frac{1}{\lambda}\right)\tag{5}$$

が成立する．

証明　系 (13.8) によって，等式 (5) は $\mathcal{P}$ が整 d-単体のときには成立する．再び，$U=\mathcal{P}\cap\mathbf{Z}^N$ を頂点集合とする $\mathcal{P}$ の三角形分割 Δ を固定する．このとき，任意の $n>0$ で，等式

$$i^*(\mathcal{P},n)=\sum_{\substack{\emptyset\neq\mathcal{F}\in\Delta\\ \mathcal{F}\not\subset\partial\mathcal{P}}}i^*(\mathcal{F},n)$$

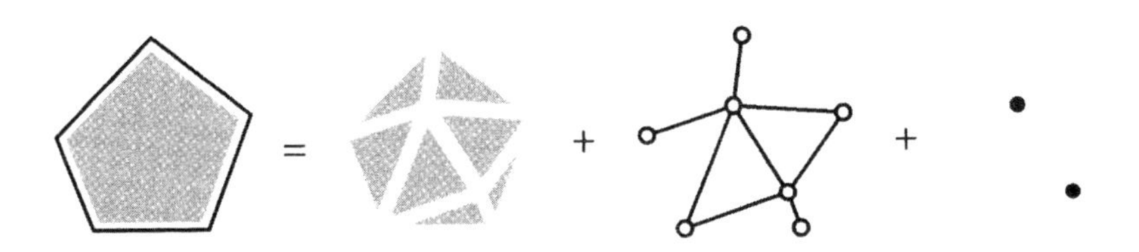

が成立する．他方，

$$i(\mathcal{P}, n) = \sum_{\substack{\emptyset \neq \mathcal{F} \in \Delta \\ \mathcal{F} \not\subset \partial \mathcal{P}}} (-1)^{d - \dim \mathcal{F}} i(\mathcal{F}, n) \tag{6}$$

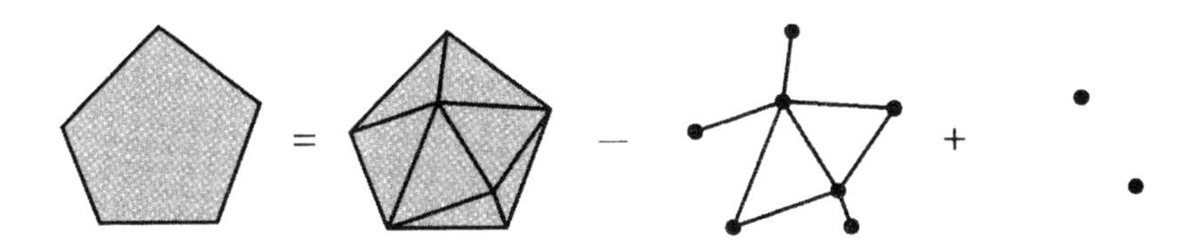

である．ここで，系 (11.11) より，等式 (6) は $n = 0$ のときにも成立する．すると，

$$\begin{aligned} F^*\left(\mathcal{P}, \frac{1}{\lambda}\right) &= \sum_{\substack{\emptyset \neq \mathcal{F} \in \Delta \\ \mathcal{F} \not\subset \partial \mathcal{P}}} F^*\left(\mathcal{F}, \frac{1}{\lambda}\right) \\ &= \sum_{\substack{\emptyset \neq \mathcal{F} \in \Delta \\ \mathcal{F} \not\subset \partial \mathcal{P}}} (-1)^{\dim \mathcal{F} + 1} F(\mathcal{F}, \lambda) \\ &= (-1)^{d+1} \sum_{\substack{\emptyset \neq \mathcal{F} \in \Delta \\ \mathcal{F} \not\subset \partial \mathcal{P}}} (-1)^{d - \dim \mathcal{F}} F(\mathcal{F}, \lambda) \\ &= (-1)^{d+1} F(\mathcal{P}, \lambda) \end{aligned}$$

である． ∎

(13.18) 系 (Ehrhart 相互法則)　凸多面体 $\mathcal{P} \subset \mathbf{R}^N$ は次元 d の整凸多面体であると仮定する．このとき，任意の整数 $n > 0$ で，等式

$$i^*(\mathcal{P}, n) = (-1)^d i(\mathcal{P}, -n)$$

が成立する．

証明

$$\begin{aligned} i^*(\mathcal{P}, n) &= \sum_{i=1}^{d+1} \delta_{d+1-i} \frac{(n-i+d)(n-i+d-1)\cdots(n-i+1)}{d\,!} \\ &= \sum_{j=0}^{d} \delta_j \frac{(n+j-1)(n+j-2)\cdots(n+j-d)}{d\,!} \\ &= (-1)^d \sum_{j=0}^{d} \delta_j \frac{(-n-j+d)(-n-j+d-1)\cdots(-n-j+1)}{d\,!} \\ &= (-1)^d i(\mathcal{P}, -n) \end{aligned}$$

∎

(13.19) 問　$\delta_d = \#((\mathcal{P} - \partial\mathcal{P}) \cap \mathbf{Z}^N)$ を示せ．

(13.20) 例 (順序多項式)　有限半順序集合 P と整数 $n \geqq 1$ があったとき，写像 $\sigma : P \to \{1, 2, \ldots, n\}$ で条件「P で $x \leqq y$ ならば $\sigma(x) \geqq \sigma(y)$ が成立する」を満たすものの個数を $\Omega(P, n)$ で表す．他方，写像 $\sigma : P \to \{1, 2, \ldots, n\}$ で条件「P で $x < y$ ならば $\sigma(x) > \sigma(y)$ が成立する」を満たすものの個数を $\Omega^*(P, n)$ で表す．

たとえば，C が d 個の元から成る鎖 (全順序集合) であれば，

$$\Omega(C, n) = \binom{n-1+d}{d}, \quad \Omega^*(C, n) = \binom{n}{d}$$

である．他方，d 個の元から成る反鎖を C' とすると，

$$\Omega(C', n) = n^d, \quad \Omega^*(C', n) = n^d$$

となる．

$$C = \begin{array}{l} \circ\; y_d \\ |\; \\ \circ\; y_{d-1} \\ |\; \\ \vdots \\ |\; \\ \circ\; y_1 \end{array} \qquad C' = \begin{array}{cccc} \circ & \circ & \cdots & \circ \\ y_1 & y_2 & & y_d \end{array}$$

有限半順序集合 P の元の個数を d とし，$P = \{y_1, y_2, \ldots, y_d\}$ とする．いま，空間 $\mathbf{R}^d$ に属する点 $(\alpha_1, \alpha_2, \ldots, \alpha_d)$ で，条件

(i)　$0 \leqq \alpha_i \leqq 1,\ 1 \leqq i \leqq d;$

(ii)　P で $y_i \leqq y_j$ ならば $\alpha_i \geqq \alpha_j$ が成立する

を満たすものの全体を $\mathcal{Q}(P)$ で表す．このとき，$\mathcal{Q}(P) \subset \mathbf{R}^d$ は次元 d の整凸多面体である*．簡単な計算から，

$$\Omega(P, n) = i(\mathcal{Q}(P), n-1)$$
$$\Omega^*(P, n) = i^*(\mathcal{Q}(P), n+1)$$

が従う．系 (13.15) と系 (13.18) を適用すると，

(i)　$\Omega(P, n)$ は n に関する d 次の多項式；

(ii)　$(-1)^d \Omega(P, -n) = \Omega^*(P, n),\ n = 1, 2, \ldots$

が成立する．多項式 $\Omega(P, n)$ は半順序集合 P の**順序多項式**と呼ばれる．

(13.21) 問　下図の半順序集合の順序多項式を計算せよ．

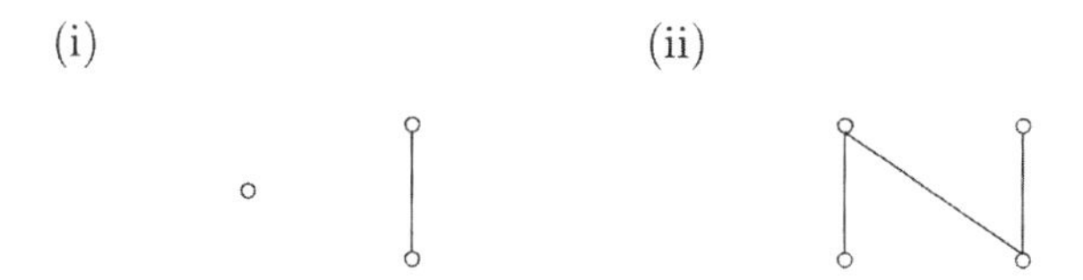

*凸多面体 $\mathcal{Q}(P)$ の組合せ論的構造は [R. Stanley, Two poset polytopes, Discrete Comput. Geom. 1(1986), 9-23] で詳細に議論されている．

§14. Hochster の定理と Ehrhart 環

整凸多面体 $\mathcal{P} \subset \mathbf{R}^N$ に付随する次数付代数 $A = A(\mathcal{P}) = \bigoplus_{n \geqq 0} A_n$ で，その Hilbert 函数 $H(A, n)$ が $i(\mathcal{P}, n)$ に一致するものを構成する．そのような次数付代数が Cohen-Macaulay 環であることを保証するのが Hochster の定理である．

有理凸多面錐　有限集合 $\Phi = \{\boldsymbol{x}_1, \boldsymbol{x}_2, \ldots, \boldsymbol{x}_v\} \subset \mathbf{Q}^N$ があったとき，$\mathbf{Q}^N$ の部分集合 $\mathcal{C}_\Phi$ を

$$\mathcal{C}_\Phi = \left\{ \sum_{i=1}^{v} r_i \boldsymbol{x}_i \mid 0 \leqq r_i \in \mathbf{Q},\ 1 \leqq i \leqq v \right\}$$

で定義する．このとき，$\mathcal{C}_\Phi$ が次の条件を満たすならば，$\mathcal{C}_\Phi$ を Φ に付随する**有理凸多面錐**と呼ぶ：

$$\mathcal{C}_\Phi \cap (-\mathcal{C}_\Phi) = \{(0, 0, \ldots, 0)\}$$

ただし，$-\mathcal{C}_\Phi = \{-\boldsymbol{\alpha} \mid \boldsymbol{\alpha} \in \mathcal{C}_\Phi\}$ である．

(14.1) 例　$N = 2$，$\Phi = \{(1, 1), (1, -1)\}$ のとき，$\mathcal{C}_\Phi \cap (-\mathcal{C}_\Phi) = \{(0, 0)\}$ であるから $\mathcal{C}_\Phi$ は有理凸多面錐である．他方，$\Phi = \{(1, 0), (0, 1), (0, -1)\}$ のとき，$\mathcal{C}_\Phi \cap (-\mathcal{C}_\Phi) = \{(0, y) \in \mathbf{Q}^2 | y \in \mathbf{Q}\}$ であるから $\mathcal{C}_\Phi$ は有理凸多面錐ではない．

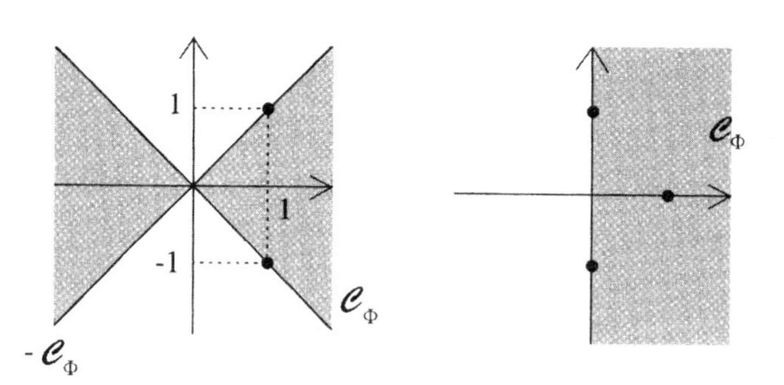

(14.2) 問　有限集合 $\Phi = \{(1, 0, 0), (0, 1, 0), (0, 0, 1), (x, y, z)\}$ に付随する $\mathcal{C}_\Phi \subset$

$\mathbf{Q}^2$ が有理凸多面錐となるような点 $((0,0,0) \neq)(x,y,z) \in \mathbf{Q}^3$ の存在範囲を決定せよ．

有理凸多面錐 $\mathcal{C}_\Phi \subset \mathbf{Q}^N$ があったとき，$\mathcal{C}_\Phi$ に含まれる整数点全体の集合 $\mathcal{C}_\Phi \cap \mathbf{Z}^N$ は，単位元 $(0,0,\ldots,0)$ を持つ加法半群である．すなわち，$\boldsymbol{\alpha} = (\alpha_1, \alpha_2, \ldots, \alpha_N) \in \mathcal{C}_\Phi \cap \mathbf{Z}^N$, $\boldsymbol{\beta} = (\beta_1, \beta_2, \ldots, \beta_N) \in \mathcal{C}_\Phi \cap \mathbf{Z}^N$ ならば，$\boldsymbol{\alpha}+\boldsymbol{\beta} = (\alpha_1+\beta_1, \ldots, \alpha_N+\beta_N) \in \mathcal{C}_\Phi \cap \mathbf{Z}^N$ である．

(14.3) 補題 (Gordan の補題)　加法半群 $\mathcal{C}_\Phi \cap \mathbf{Z}^N$ は有限生成である．すなわち，有限集合 $\{\boldsymbol{z}_1, \boldsymbol{z}_2, \ldots, \boldsymbol{z}_s\} \subset \mathcal{C}_\Phi \cap \mathbf{Z}^N$ を適当に選べば，$\mathcal{C}_\Phi \cap \mathbf{Z}^N$ の任意の点 $\boldsymbol{\beta}$ は

$$\boldsymbol{\beta} = \sum_{i=1}^{s} q_i \mathbf{z}_i, \quad 0 \leqq q_i \in \mathbf{Z}$$

なる型の表示を持つ．

証明　まず，$\Phi = \{\boldsymbol{x}_1, \boldsymbol{x}_2, \ldots, \boldsymbol{x}_v\} \subset \mathbf{Q}^N$ とし，整数 $m > 0$ で，$m\boldsymbol{x}_i \in \mathbf{Z}$, $1 \leqq i \leqq v$, となるものを固定する．いま，$\boldsymbol{y}_i := m\boldsymbol{x}_i$ と置けば，$\boldsymbol{y}_i \in \mathcal{C}_\Phi \cap \mathbf{Z}^N$, $1 \leqq i \leqq v$, である．次に，$\boldsymbol{\alpha} \in \mathcal{C}_\Phi \cap \mathbf{Z}^N$ で，

$$\boldsymbol{\alpha} = \sum_{i=1}^{v} r_i \boldsymbol{y}_i, \quad 0 \leqq r_i < 1, \quad r_i \in \mathbf{Q}$$

と表されるもの全体の集合を S で表す．このとき，S は有限集合である．任意の $\boldsymbol{\beta} \in \mathcal{C}_\Phi \cap \mathbf{Z}^N$ を取ると，

$$\begin{aligned}
\boldsymbol{\beta} &= \sum_{i=1}^{v} r_i \boldsymbol{x}_i, \quad 0 \leqq r_i \in \mathbf{Q} \\
&= \sum_{i=1}^{v} r'_i \boldsymbol{y}_i, \quad r'_i = r_i/m \in \mathbf{Q} \\
&= \sum_{i=1}^{v} [r'_i] \boldsymbol{y}_i + \sum_{i=1}^{v} (r'_i - [r'_i]) \boldsymbol{y}_i
\end{aligned}$$

となる．ここで，$\sum_{i=1}^{v} (r'_i - [r'_i]) \boldsymbol{y}_i \in S$ である．すると，任意の $\boldsymbol{\beta} \in \mathcal{C}_\Phi \cap \mathbf{Z}^N$

は

$$\boldsymbol{\beta} = \sum_{i=1}^{v} q_i \boldsymbol{y}_i + \boldsymbol{\gamma}, \quad 0 \leqq q_i \in \mathbf{Z}, \quad \boldsymbol{\gamma} \in S$$

なる型の表示を持つ．従って，加法半群 $\mathcal{C}_\Phi \cap \mathbf{Z}^N$ は有限集合 $\{\boldsymbol{y}_1, \boldsymbol{y}_2, \ldots, \boldsymbol{y}_v\} \cup S$ で生成される．■

(14.4) 例　右図の加法半群 ($\subset \mathbf{Z}^2$) は有限生成ではない．この加法半群は

$$(0,1), (1,1), (2,1), \ldots$$

で生成される．

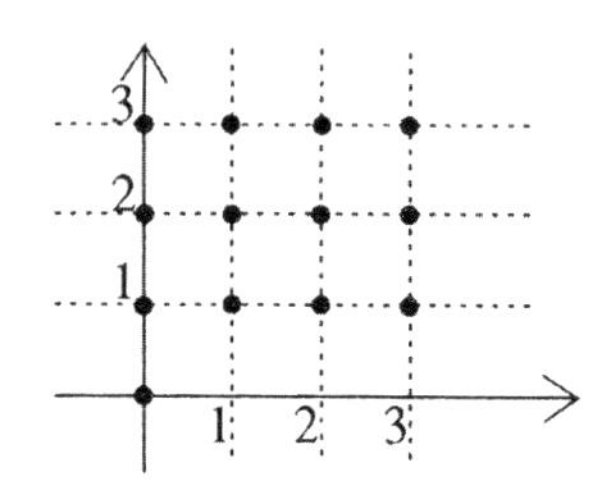

有理凸多面錐 $\mathcal{C}_\Phi \subset \mathbf{Q}^N$ があったとき，$\mathcal{C}_\Phi \cap \mathbf{Z}^N$ から非負整数全体への写像

$$\rho : \mathcal{C}_\Phi \cap \mathbf{Z}^N \longrightarrow \{0, 1, 2, \ldots\}$$

が，条件

(i)　$\rho(\boldsymbol{\alpha}) = 0 \Leftrightarrow \boldsymbol{\alpha} = (0, 0, \ldots, 0)$

(ii)　$\rho(\boldsymbol{\alpha} + \boldsymbol{\beta}) = \rho(\boldsymbol{\alpha}) + \rho(\boldsymbol{\beta}), \quad \boldsymbol{\alpha}, \boldsymbol{\beta} \in \mathcal{C}_\Phi \cap \boldsymbol{Z}^N$

を満たすならば，ρ は $\mathcal{C}_\Phi$ 上の**重量写像**と呼ばれる．

(14.5) 例　有限集合 $\Phi = \{(1,1), (1,-1)\} \subset \mathbf{Q}^2$ に付随する有理凸多面錐 $\mathcal{C}_\Phi$ を考える (例 (14.1))．整数 $m > 0$ を任意に固定し，写像 ρ を

$$\rho((a,b)) = (m+1)a + mb, \quad (a,b) \in \mathcal{C}_\Phi \cap \mathbf{Z}^2$$

で定義すると，ρ は $\mathcal{C}_\Phi$ 上の重量写像である．

Hochster の定理　有限集合 $\Phi \subset \mathbf{Q}^N$ に付随する有理凸多面錐 $\mathcal{C}_\Phi \subset \mathbf{Q}^N$ があったとし，$\mathcal{C}_\Phi$ 上の重量写像 ρ を固定する．いま，体 k 上の (可換な) 変数

$X_1, X_2, \ldots, X_N$ を準備し，整数点 $\boldsymbol{\alpha} = (\alpha_1, \alpha_2, \ldots, \alpha_N) \in \mathcal{C}_\Phi \cap \mathbf{Z}^N$ に (負のベキも許す) 単項式

$$\boldsymbol{X}^{\boldsymbol{\alpha}} := X_1^{\alpha_1} X_2^{\alpha_2} \cdots X_N^{\alpha_N}$$

を対応させる．特に，$\boldsymbol{X}^{(0,\ldots,0)} = 1$ である．任意の非負整数 n に対して，単項式の集合

$$\{\boldsymbol{X}^{\boldsymbol{\alpha}} \mid \boldsymbol{\alpha} = (\alpha_1, \alpha_2 \ldots, \alpha_N) \in \mathcal{C}_\Phi \cap \mathbf{Z}^N, \quad \rho(\boldsymbol{\alpha}) = n\}$$

を基底とする k 上の線型空間を

$$A_n = [A_k(\mathcal{C}_\Phi; \rho)]_n$$

で表す．すると，$A_0 = k$ である．さらに，$A = A_k(\mathcal{C}_\Phi; \rho)$ を線型空間 $A_0, A_1, \cdots$ の直和で定義する:

$$A = A_k(\mathcal{C}_\Phi; \rho) = \bigoplus_{n \geqq 0} A_n.$$

(14.6) 問　線型空間 $A_n = [A_k(\mathcal{C}_\Phi; \rho)]_n$ は有限次元であることを示せ．

(14.7) 例　有限集合 $\Phi = \{(1,1), (0,1)\} \subset \mathbf{Q}^2$ に付随する有理凸多面錐 $\mathcal{C}_\Phi$ 上の重量写像を考える．

(a) 重量写像を $\rho((a,b)) = b$ と定義する．このとき，線型空間 A_n は単項式の集合 $\{Y^n, XY^n, X^2Y^n, \ldots, X^nY^n\}$ を基底とする．すると，$\dim_k A_n = n + 1$ である．

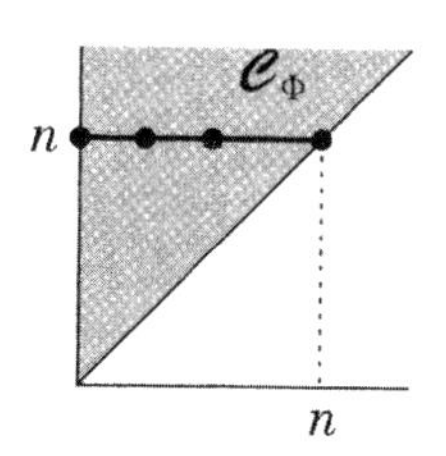

(b) 重量写像を $\rho'((a,b)) = a + b$ と定義する．このとき，線型空間 A_n は単項式の集合 $\{Y^n, Y^{n-1}X, \ldots, Y^{[(n+1)/2]}X^{[n/2]}\}$ を基底とする．すると，$\dim_k A_n = [n/2] + 1$ である．

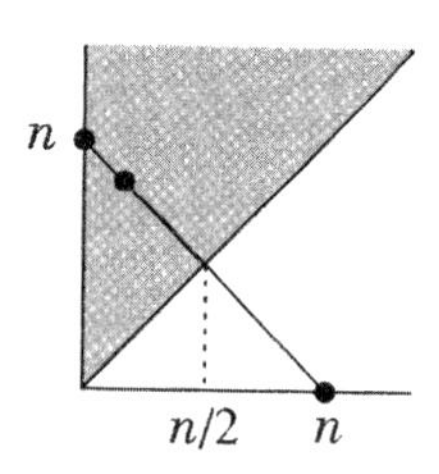

(14.8) 問　有限集合 $\Phi = \{(1,2),(0,1)\} \subset \mathbf{Q}^2$ に付随する有理凸多面錐 $\mathcal{C}_\Phi$ 上の重量写像を $\rho((a,b)) = a + b$ と定義する．このとき，線型空間 A_n の基底を求めよ．

(14.9) 補題　単項式の通常の積によって，$A = A_k(\mathcal{C}_\Phi;\rho) = \bigoplus_{n \geqq 0} A_n$ は次数付代数となる．

証明　任意の i と j で，$A_iA_j \subset A_{i+j}$ であることを示せばよい．線型空間 A_i の任意の元は

$$\sum_{\substack{\boldsymbol{\alpha} \in \mathcal{C}_\Phi \cap \mathbf{Z}^N \\ \rho(\boldsymbol{\alpha}) = i}} r(\boldsymbol{\alpha})\boldsymbol{X}^{\boldsymbol{\alpha}}, \quad r(\boldsymbol{\alpha}) \in k$$

なる型の表示を持つ．すると，A_iA_j の任意の元は

$$\left(\sum_{\substack{\boldsymbol{\alpha} \in \mathcal{C}_\Phi \cap \mathbf{Z}^N \\ \rho(\boldsymbol{\alpha}) = i}} r(\boldsymbol{\alpha})\boldsymbol{X}^{\boldsymbol{\alpha}}\right)\left(\sum_{\substack{\boldsymbol{\beta} \in \mathcal{C}_\Phi \cap \mathbf{Z}^N \\ \rho(\boldsymbol{\beta}) = j}} r(\boldsymbol{\beta})\boldsymbol{X}^{\boldsymbol{\beta}}\right) = \sum_{\boldsymbol{\alpha},\boldsymbol{\beta}} r(\boldsymbol{\alpha})r(\boldsymbol{\beta})\boldsymbol{X}^{\boldsymbol{\alpha}+\boldsymbol{\beta}} \tag{7}$$

と表される．ところが，重量写像の定義から，

$$\rho(\boldsymbol{\alpha} + \boldsymbol{\beta}) = \rho(\boldsymbol{\alpha}) + \rho(\boldsymbol{\beta}) = i + j$$

であるから等式 (7) の右辺は A_{i+j} に属する． ∎

(14.10) 補題　次数付代数 $A = A_k(\mathcal{C}_\Phi;\rho) = \bigoplus_{n \geqq 0} A_n$ は有限生成である．

証明 加法半群 $\mathcal{C}_\Phi \cap \mathbf{Z}^N$ が有限集合 $\{\boldsymbol{z}_1, \boldsymbol{z}_2, \ldots, \boldsymbol{z}_s\}$ で生成されているとする (補題 (14.3) 参照) と，次数付代数 A に属する任意の単項式は

$$\prod_{i=1}^{s} (\boldsymbol{X}^{\boldsymbol{z}_i})^{q_i}, \quad 0 \leqq q_i \in \mathbf{Z}$$

なる型の表示を持つ．他方，k 上の線型空間 A は集合 $\{\boldsymbol{X}^{\boldsymbol{\beta}} \mid \boldsymbol{\beta} \in \mathcal{C}_\Phi \cap \mathbf{Z}^N\}$ で張られる．すると，A は $\{\prod_{i=1}^{s} (\boldsymbol{X}^{\boldsymbol{z}_i})^{q_i} \mid 0 \leqq q_i \in \mathbf{Z},\, 1 \leqq i \leqq s\}$ で張られる．換言すれば，次数付代数 A は $\boldsymbol{X}^{\boldsymbol{z}_1}, \boldsymbol{X}^{\boldsymbol{z}_2}, \ldots, \boldsymbol{X}^{\boldsymbol{z}_s}$ で生成される． ∎

(14.11) 問 例 (14.7) の有理凸多面錐 $\mathcal{C}_\Phi \subset \mathbf{Q}^2$ と重量写像 ρ, ρ' を考える．このとき，次数付代数 $A_k(\mathcal{C}_\Phi; \rho)$ は標準的*であるが，次数付代数 $A_k(\mathcal{C}_\Phi; \rho')$ は標準的ではないことを確かめよ．

(14.12) 命題 次数付代数 $A = A_k(\mathcal{C}_\Phi; \rho) = \bigoplus_{n \geqq 0} A_n$ の Krull 次元は，$\mathcal{C}_\Phi$ が張る $\mathbf{Q}^N$ の線型部分空間 $\langle \mathcal{C}_\Phi \rangle$ の ($\mathbf{Q}$ 上の線型空間としての) 次元と一致する：

$$\text{Krull-dim}\, A_k(\mathcal{C}_\Phi; \rho) = \dim_{\mathbf{Q}} \langle \mathcal{C}_\Phi \rangle$$

証明 (概略) 次数付代数 $A = A_k(\mathcal{C}_\Phi; \rho) = \bigoplus_{n \geqq 0} A_n$ の Krull 次元は，k 上代数的独立な A の斉次元の最大個数と一致する (補題 (6.3))．いま，$\dim_Q \langle \mathcal{C}_\Phi \rangle = d$ とすると，$\mathcal{C}_\Phi \cap \mathbf{Z}^N$ に属する d 個の元 $\boldsymbol{z}_1, \boldsymbol{z}_2, \ldots, \boldsymbol{z}_d$ で $\mathbf{Q}$ 上線型独立なものが存在する．このとき，A に属する d 個の単項式 $X^{\boldsymbol{z}_1}, X^{\boldsymbol{z}_2}, \ldots, X^{\boldsymbol{z}_d}$ は代数的独立である．従って，$\text{Krull-dim}\, A_k(\mathcal{C}_\Phi; \rho) \geqq d$ である．他方，$\dim_Q \langle \mathcal{C}_\Phi \rangle = d$ であるから，$\mathcal{C}_\Phi \subset \mathbf{Q}^d$ と仮定してよい．すると，A に属する単項式は d 個の変数 $X_1, X_2, \ldots, X_d$ の単項式である．従って，代数的独立な A の斉次元の個数は高々 d である． ∎

(14.13) 例 有限集合 $\Phi = \{(1,0,0), (0,1,0), (1,0,1), (0,1,1)\}$ に付随する有理凸多面錐 $\mathcal{C}_\Phi \subset \mathbf{Q}^3$ と，その上の重量写像 ρ を考える．体 k 上の変数 $X, Y,$

---

*次数付代数が標準的であることの定義は，系 (6.2) の直前を見よ．

Z を準備する．このとき，次数付代数 $A = A_k(\mathcal{C}_\Phi; \rho)$ は X, Y, XZ, YZ を生成系に持ち，Krull-dim $A = 3$ である．

(a) $\rho((a,b,c)) = a + b$, $(a,b,c) \in \mathcal{C}_\Phi \cap \mathbf{Z}^3$, と定義する．すると，$A$ は標準的な次数付代数となる．このとき，

$$\theta_1 = X, \quad \theta_2 = YZ, \quad \theta_3 = Y + XZ; \quad \eta_1 = 1, \quad \eta_2 = XZ$$

は次数1の斉次元から成る A の巴系とその分離系である．

(b) $\rho((a,b,c)) = 2a + b + c$ と定義する．すると，X, Y, XZ, YZ の次数は，それぞれ，2, 1, 3, 2 である．このとき，

$$\theta_1 = X, \quad \theta_2 = YZ, \quad \theta_3 = Y^3 + XZ$$

は A の巴系で，$\theta_1, \theta_2, \theta_3$ の次数は，それぞれ，2, 2, 3 である．この巴系の分離系として

$$\eta_1 = 1, \quad \eta_2 = Y, \quad \eta_3 = Y^2, \quad \eta_4 = Y^3$$

が選べる．たとえば，

$$\begin{aligned} X^3YZ^2 &= \theta_1^2\theta_2(XZ) \\ &= \theta_1^2\theta_2(\theta_3 - Y^3) \\ &= \theta_1^2\theta_2\theta_3 - \theta_1^2\theta_2\eta_4 \\ &= \theta_1^2\theta_2\theta_3\eta_1 - \theta_1^2\theta_2\eta_4 \end{aligned}$$

である．

(14.14) 問　有限集合 $\Phi = \{(1,1,0), (1,0,1), (0,1,1)\}$ に付随する有理凸多面錐 $\mathcal{C}_\Phi \subset \mathbf{Q}^3$ を考える．このとき，$\mathcal{C}_\Phi$ 上の任意の重量写像 ρ で $A = A_k(\mathcal{C}_\Phi; \rho)$ が標準的となるものは存在しないことを示せ．

(14.15) 問　有限集合

$$\Phi = \{(1,0,0,0),(0,1,0,0),(1,0,1,0),(0,1,1,0),(1,0,0,1),(0,1,0,1)\}$$

に付随する有理凸多面錐 $\mathcal{C}_\Phi \subset \mathbf{Q}^4$ を考える．

(a) 重量写像 ρ を $\rho((a,b,c,d)) = a+b$ で定義する．このとき，$A = A_k(\mathcal{C}_\Phi;\rho)$ の巴系とその分離系を探せ．

(b) 重量写像 ρ を $\rho((a,b,c,d)) = a+b+c+d$ で定義する．このとき，$A = A_k(\mathcal{C}_\Phi;\rho)$ の巴系とその分離系を探せ．

(14.16) 例　有限集合 $\Phi = \{(4,0),(3,1),(2,2),(1,3),(0,4)\}$ に付随する有理凸多面錐 $\mathcal{C}_\Phi \subset \mathbf{Q}^2$ と，その上の重量写像 ρ で次数付代数 $A = A_k(\mathcal{C}_\Phi;\rho)$ が標準的となるものを考える．体 k 上の変数 X, Y を準備する．このとき，次数付代数 A は X^4, X^3Y, X^2Y^2, XY^3, Y^4 で生成され，Krull-dim $A = 2$ である．いま，

$$X^4,\ X^3Y,\ XY^3,\ Y^4$$

を生成系とする A の次数付部分代数を $B = \bigoplus_{n \geqq 0} B_n$ とする．すると，$n \geqq 2$ ならば $A_n = B_n$ であって，Krull-dim $B = 2$ となる．さらに，

$$\theta_1 = X^4, \quad \theta_2 = Y^4$$

は次数 1 の斉次元から成る B の巴系であって，

$$\eta_1 = 1, \quad \eta_2 = X^3Y, \quad \eta_3 = XY^3, \quad \eta_4 = X^6Y^2, \quad \eta_5 = X^2Y^6$$

はその分離系である．他方，B の Hilbert 函数 $H(B,n)$ と Hilbert 級数 $F(B,\lambda)$ は

$$H(B,n) = \begin{cases} 1 & n = 0 \quad \text{のとき} \\ 4 & n = 1 \quad \text{のとき} \\ 4n+1 & n \geqq 2 \quad \text{のとき} \end{cases}$$

$$F(B,\lambda) = 1 - \lambda + \sum_{n=1}^{\infty}(4n+1)\lambda^n$$

$$= \frac{4\lambda}{(1-\lambda)^2} + \frac{1}{1-\lambda} - \lambda \quad \left(\sum_{n=1}^{\infty} n\lambda^n = \frac{\lambda}{(1-\lambda)^2} \text{であるから} \right)$$
$$= \frac{1+2\lambda+2\lambda^2-\lambda^3}{(1-\lambda)^2}$$

である．従って，系 (7.3) より，次数付代数 $B = \bigoplus_{n \geqq 0} B_n$ は Cohen-Macaulay 環ではない．

(14.17) 問　例 (14.16) の次数付代数 $A = \bigoplus_{n \geqq 0} A_n$ の Hilbert 函数 $H(A, n)$ と Hilbert 級数 $F(A, \lambda)$ を計算せよ．

さて，次数付代数 $A_k(\mathcal{C}_\Phi; \rho)$ が Cohen-Macaulay 環であることは，Hochster によって証明された (1972 年)．

(14.18) 定理 (Hochster[21])　有理凸多面錐 $\mathcal{C}_\Phi \subset \mathbf{Q}^N$ とその上の重量写像 ρ から構成される次数付代数 $A_k(\mathcal{C}_\Phi; \rho)$ は Cohen-Macaulay 環である．■

定理 (12.1) と類似の理由で，定理 (14.18) の証明も割愛する．原論文 [21] では，「単体的凸多面体の境界複体は shellable である」という結果 (命題 (12.10) の直前を見よ) が，再び，本質的な役割を果たしている．Hochster[21] は凸多面体と可換代数の結び付きを世に披露した記念碑的な論文であるとともに，Stanley[28] と Reisner[26] に著しい影響を及ぼしている．Hochster の定理の証明に興味を持つ読者には，再度，Cohen-Macaulay 環の教科書 [2] を推薦したい．

Ehrhart 環　次元 d の凸多面体 $\mathcal{P} \subset \mathbf{R}^N$ は整凸多面体であると仮定し，その頂点を $\boldsymbol{x}_1, \boldsymbol{x}_2, \ldots, \boldsymbol{x}_v$ とする．まず，$\widetilde{\mathcal{P}} \subset \mathbf{R}^{N+1}$ を

$$\widetilde{\mathcal{P}} = \{(\boldsymbol{\alpha}, 1) \in \mathbf{R}^{N+1} \mid \boldsymbol{\alpha} \in \mathcal{P} \subset \mathbf{R}^N\}$$

で定義する (次図参照) と，$\widetilde{\mathcal{P}} \subset \mathbf{R}^{N+1}$ は $(\boldsymbol{x}_1, 1), (\boldsymbol{x}_2, 1), \ldots, (\boldsymbol{x}_v, 1)$ を頂点とする次元 $d+1$ の整凸多面体である．

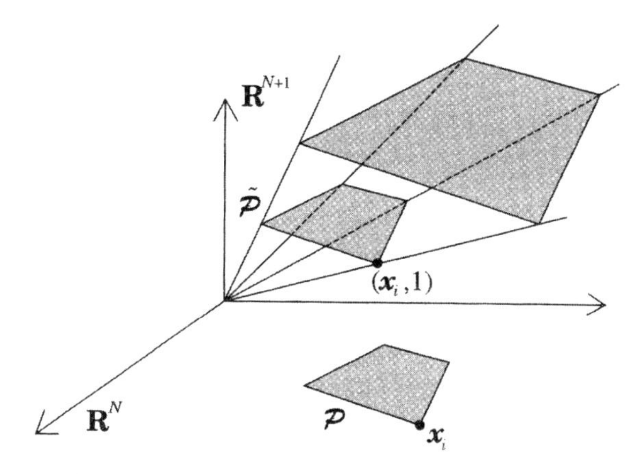

次に，$\widetilde{\mathcal{P}} \subset \mathbf{R}^{N+1}$ の頂点集合 $\{(\boldsymbol{x}_1, 1), (\boldsymbol{x}_2, 1), \ldots, (\boldsymbol{x}_v, 1)\}$ を使って

$$\mathcal{C}(\widetilde{\mathcal{P}}) := \left\{ \sum_{i=1}^{v} r_i(\boldsymbol{x}_i, 1) \mid 0 \leqq r_i \in \mathbf{Q},\ 1 \leqq i \leqq v \right\} \subset \mathbf{Q}^{N+1}$$

と置く．

(14.19) 補題　$\mathcal{C}(\widetilde{\mathcal{P}}) \cap (-\mathcal{C}(\widetilde{\mathcal{P}})) = \{(0, 0, \ldots, 0)\}$ である．従って，$\mathcal{C}(\widetilde{\mathcal{P}}) \subset \mathbf{Q}^{N+1}$ は有理凸多面錐となる． ▮

(14.20) 補題　有理凸多面錐 $\mathcal{C}(\widetilde{\mathcal{P}})$ が張る $\mathbf{Q}^{N+1}$ の線型部分空間 $\langle \mathcal{C}(\widetilde{\mathcal{P}}) \rangle$ の ($\mathbf{Q}$ 上の線型空間としての) 次元は $d+1$ である． ▮

他方，写像 $\rho^{\star}\colon \mathcal{C}(\widetilde{\mathcal{P}}) \cap \mathbf{Z}^{N+1} \longrightarrow \{0, 1, 2, \ldots\}$ を

$$\rho^{\star}((\alpha_1, \alpha_2, \ldots, \alpha_N, n)) = n, \quad (\alpha_1, \alpha_2, \ldots, \alpha_N, n) \in \mathcal{C}(\widetilde{\mathcal{P}}) \cap \mathbf{Z}^{N+1}$$

で定義する．

(14.21) 補題　写像 $\rho^{\star}$ は有理凸多面錐 $\mathcal{C}(\widetilde{\mathcal{P}}) \subset \mathbf{Q}^{N+1}$ 上の重量写像である． ▮

我々は，有理凸多面錐 $\mathcal{C}(\widetilde{\mathcal{P}}) \subset \mathbf{Q}^{N+1}$ とその上の重量写像 $\rho^{\star}$ に付随する次

数付代数 $A = A_k(\mathcal{C}(\widetilde{\mathcal{P}});\ \rho^{\star}) = \bigoplus_{n \geqq 0} A_n$ を

$$A_k(\mathcal{P}) = \bigoplus_{n \geqq 0} [A_k(\mathcal{P})]_n$$

で表し，整凸多面体 $\mathcal{P}$ に付随する **Ehrhart 環**と呼ぶ．

(14.22) 問　Krull-dim $A_k(\mathcal{P}) = d + 1\,(= \dim \mathcal{P} + 1)$ を示せ．

いま，体 k 上の変数 $X_1, X_2, \ldots, X_N$ と T を準備し，整数点

$$\boldsymbol{\alpha} = (\alpha_1, \alpha_2, \ldots, \alpha_N) \in n\mathcal{P} \cap \mathbf{Z}^N$$

に単項式

$$\boldsymbol{X}^{\boldsymbol{\alpha}} T^n := X_1^{\alpha_1} X_2^{\alpha_2} \cdots X_N^{\alpha_N} T^n$$

を対応させる．

(14.23) 補題　任意の整数 $n \geqq 0$ に対して，単項式の集合

$$\{\boldsymbol{X}^{\boldsymbol{\alpha}} T^n \mid \boldsymbol{\alpha} \in n\mathcal{P} \cap \mathbf{Z}^N\}$$

は，線型空間 $[A_k(\mathcal{P})]_n$ の基底である．

証明　集合 $\widetilde{\mathcal{P}} \subset \mathbf{R}^{N+1}$ は凸多面体であるから $\mathcal{C}(\widetilde{\mathcal{P}})$ は $\{r\boldsymbol{\beta} | \boldsymbol{\beta} \in \widetilde{\mathcal{P}} \cap \mathbf{Q}^{N+1},\ 0 \leqq r \in \mathbf{Q}\}$ と一致する (問 (13.4) 参照)．従って，$(\boldsymbol{\alpha}, n) \in \mathcal{C}(\widetilde{\mathcal{P}}) \cap \mathbf{Z}^{N+1} \Leftrightarrow \alpha \in \mathbf{Z}^N, (\boldsymbol{\alpha}/n, 1) \in \widetilde{\mathcal{P}} \Leftrightarrow \alpha \in \mathbf{Z}^N, \boldsymbol{\alpha}/n \in \mathcal{P} \Leftrightarrow \boldsymbol{\alpha} \in n\mathcal{P} \cap \mathbf{Z}^N$ である．　▮

(14.24) 命題　整凸多面体 $\mathcal{P} \subset \mathbf{R}^N$ に付随する Ehrhart 環 $A_k(\mathcal{P}) = \bigoplus_{n \geqq 0} [A_k(\mathcal{P})]_n$ の Hilbert 函数 $H(A_k(\mathcal{P}), n)$ は $\mathcal{P}$ の Ehrhart 多項式 $i(\mathcal{P}, n)$ に一致する：

$$H(A_k(\mathcal{P}), n) = i(\mathcal{P}, n), \quad n = 1, 2, \ldots$$

証明 補題 (14.23) から

$$\dim_k[A_k(\mathcal{P})]_n = \#(n\mathcal{P} \cap \mathbf{Z}^N) \tag{8}$$

が従う．等式 (8) の左辺は $H(A_k(\mathcal{P}), n)$，右辺は $i(\mathcal{P}, n)$ であるから，$A_k(\mathcal{P})$ の Hilbert 函数は $\mathcal{P}$ の Ehrhart 多項式に他ならない． ∎

(14.25) 系 次元 d の整凸多面体 $\mathcal{P} \subset \mathbf{R}^N$ の δ-列を $\delta(\mathcal{P}) = (\delta_0, \delta_1, \ldots, \delta_d)$ とすれば，Ehrhart 環 $A_k(\mathcal{P}) = \bigoplus_{n \geqq 0}[A_k(\mathcal{P})]_n$ の Hilbert 級数 $F(A_k(\mathcal{P}), \lambda)$ は

$$F(A_k(\mathcal{P}), \lambda) = \frac{\delta_0 + \delta_1\lambda + \cdots + \delta_d\lambda^d}{(1-\lambda)^{d+1}}$$

である． ∎

(14.26) 例 空間 $\mathbf{R}^3$ で $(0,0,0), (1,1,0), (1,0,1), (0,1,1)$ を頂点とする四面体 $\mathcal{P}$ を考える．体 k 上の変数 X, Y, Z と T を準備する．このとき，$(1,1,1) \in 2\mathcal{P}$ であるから，$XYZT^2 \in [A_k(\mathcal{P})]_2$ である．次数付代数 $A_k(\mathcal{P}) = \bigoplus_{n \geqq 0}[A_k(\mathcal{P})]_n$ は標準的ではなく，その生成系として T, XYT, XZT, YZT, $XYZT^2$ が選べる．しかし，$A_k(\mathcal{P})$ には次数 1 の元から成る巴系が存在する．実際，

$$\theta_1 = T, \quad \theta_2 = XYT, \quad \theta_3 = XZT, \quad \theta_4 = YZT\ ;$$
$$\eta_1 = 1, \quad \eta_2 = XYZT^2$$

は，Ehrhart 環 $A_k(\mathcal{P})$ の巴系とその分離系である．

整凸多面体 $\mathcal{P} \subset \mathbf{R}^N$ の頂点集合を $\{\boldsymbol{y}_1, \boldsymbol{y}_2, \ldots, \boldsymbol{y}_v\}$ とする．いま，$\mathcal{P}$ に付随する Ehrhart 環 $A_k(\mathcal{P}) = \bigoplus_{n \geqq 0}[A_k(\mathcal{P})]_n$ の次数付部分代数で，

$$X^{\boldsymbol{y}_1}T, X^{\boldsymbol{y}_2}T, \ldots, X^{\boldsymbol{y}_v}T$$

を生成系とするものを

$$A_k(\mathcal{P})' = \bigoplus_{n \geqq 0}[A_k(\mathcal{P})']_n$$

で表す．このとき，$A_k(\mathcal{P})'$は標準的な次数付代数である．

(14.27) 補題　次数付代数 $A_k(\mathcal{P}) = \bigoplus_{n \geqq 0}[A_k(\mathcal{P})]_n$ は，次数付部分代数 $A_k(\mathcal{P})' = \bigoplus_{n \geqq 0}[A_k(\mathcal{P})']_n$ 上の加群として有限生成である．

証明　凸多面体 $\mathcal{P} \subset \mathbf{R}^N$ は $\{\boldsymbol{y}_1, \boldsymbol{y}_2, \ldots, \boldsymbol{y}_v\}$ の凸閉包である (命題 (1.19))．すると，任意の有理点 $\boldsymbol{\gamma} \in \mathcal{P} \cap \mathbf{Q}^N$ は

$$\boldsymbol{\gamma} = \sum_{i=1}^{v} r_i \boldsymbol{y}_i, \quad \sum_{i=1}^{v} r_i = 1, \quad 0 \leqq r_i \in \mathbf{Q} \quad (1 \leqq i \leqq v)$$

と表される (補題 (1.7) 参照)．従って，任意の整数点 $\boldsymbol{\alpha} \in n\mathcal{P} \cap \mathbf{Z}^N$ は

$$\boldsymbol{\alpha} = \sum_{i=1}^{v} r_i \boldsymbol{y}_i, \quad \sum_{i=1}^{v} r_i = n, \quad 0 \leqq r_i \in \mathbf{Q} \quad (1 \leqq i \leqq v)$$

と表される．換言すれば，$A_k(\mathcal{P})$ に属する任意の単項式 ξ に対して，十分大きな整数 $m = m(\xi) > 0$ を選べば，$\xi^m \in A_k(\mathcal{P})'$ となる．次数付代数 $A_k(\mathcal{P})$ は有限生成である (補題 (14.10)) から，有限個の単項式から成る生成系 $\boldsymbol{X}^{\boldsymbol{z}_1} T^{n_1}, \boldsymbol{X}^{\boldsymbol{z}_2} T^{n_2}, \ldots, \boldsymbol{X}^{\boldsymbol{z}_s} T^{n_s}$ が存在する．いま，十分大きな整数 M を適当に選べば，$(\boldsymbol{X}^{\boldsymbol{z}_i} T^{n_i})^M \in A_k(\mathcal{P})', 1 \leqq i \leqq s$, となる．このとき，$A_k(\mathcal{P})$ は次数付部分代数 $A_k(\mathcal{P})'$ 上の加群として

$$\{(\boldsymbol{X}^{\boldsymbol{z}_i} T^{n_i})^j \mid 1 \leqq i \leqq s,\ 0 \leqq j < M\}$$

で生成される．　■

(14.28) 問　補題 (14.27) の証明において，$A_k(\mathcal{P})$ は $A_k(\mathcal{P})'$ 上の加群として $\{(\boldsymbol{X}^{\boldsymbol{z}_i} T^{n_i})^j \mid 1 \leqq i \leqq s, 0 \leqq j < M\}$ で生成されることを示せ．

(14.29) 命題　体 k が無限体であれば，Ehrhart 環 $A_k(\mathcal{P}) = \bigoplus_{n \geqq 0}[A_k(\mathcal{P})]_n$ には次数1の元から成る巴系が存在する．

証明　Ehrhart 環 $A_k(\mathcal{P})$ の次数付部分代数 $A_k(\mathcal{P})'$ は標準的な次数付代数であ

る．すると，体 k が無限体であれば $[A_k(\mathcal{P})']_1$ に属する元から成る $A_k(\mathcal{P})'$ の巴系が存在する (系 (6.2))．他方，補題 (14.27) から，$A_k(\mathcal{P})$ は $A_k(\mathcal{P})'$ 上の加群として有限生成である．従って，巴系の定義から，$A_k(\mathcal{P})'$ の巴系は $A_k(\mathcal{P})$ の巴系でもある． ∎

(14.30) 定理　次元 d の整凸多面体 $\mathcal{P} \subset \mathbf{R}^N$ の δ-列 $\delta(\mathcal{P}) = (\delta_0, \delta_1, \ldots, \delta_d)$ は非負 (すなわち，$\delta_i \geqq 0$, $0 \leqq i \leqq d$) である．

証明　体 k を無限体とすれば，Ehrhart 環 $A_k(\mathcal{P}) = \bigoplus_{n \geqq 0}[A_k(\mathcal{P})]_n$ には次数 1 の元から成る巴系が存在する (命題 (14.29))．他方，$A_k(\mathcal{P})$ は Cohen-Macaulay 環であって (定理 (14.18))，その Krull 次元は $d+1$ である (問 (14.22))．従って，$A_k(\mathcal{P})$ の Hilbert 級数を $F(A_k(\mathcal{P}), \lambda)$ とすると，系 (7.3) は λ の多項式

$$(1-\lambda)^{d+1} F(A_k(\mathcal{P}), \lambda)$$

が非負整数係数であることを保証する．すると，系 (14.25) より，各々の整数 δ_i は非負である． ∎

§15.　δ-列の組合せ論

次元 d の整凸多面体 $\mathcal{P} \subset \mathbf{R}^N$ の δ-列を $\delta(\mathcal{P}) = (\delta_0, \delta_1, \ldots, \delta_d)$ とする．このとき，

(i)　$\delta_0 = 1$, $\delta_1 = i(\mathcal{P}, n) - (d+1) = \#(\mathcal{P} \cap \mathbf{Z}^N) - (d+1)$;

(ii)　$(1-\lambda)^{d+1} \sum_{n=1}^{\infty} i^*(\mathcal{P}, n)\lambda^n = \sum_{i=0}^{n} \delta_{d-i}\lambda^{i+1}$　(定理 (13.17)) ;

(iii)　$\delta_d = i^*(\mathcal{P}, n) = \#((\mathcal{P} - \partial\mathcal{P}) \cap \mathbf{Z}^N)$　(問 (13.19)) ;

(iv)　$\delta(\mathcal{P}) \geqq 0$　(定理 (14.30)) ;

(v)　$N = d$ ならば，$\mathcal{P}$ の体積は $(\sum_{i=0}^{d} \delta_i)/d\,!$ と一致する (問 (13.16)).

(15.1) 例* 　数列 $(1,p,q)\in\mathbf{Z}^2$ が適当な2次元整凸多面体の δ-列となるには，次の (i), (ii), (iii) のいずれかが成立することが必要十分である：

(i)　　$q=0,\quad 0\leqq p\in\mathbf{Z}$;

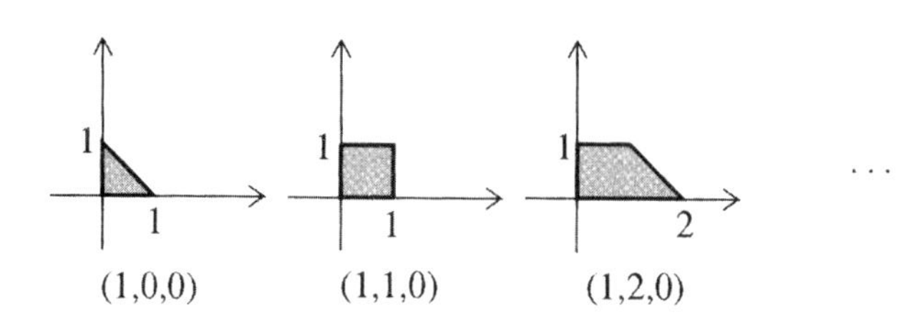

(ii)　　$q=1,\quad 1\leqq p\leqq 7$;

(iii)　$2\leqq q\leqq p\leqq 3q+3$.

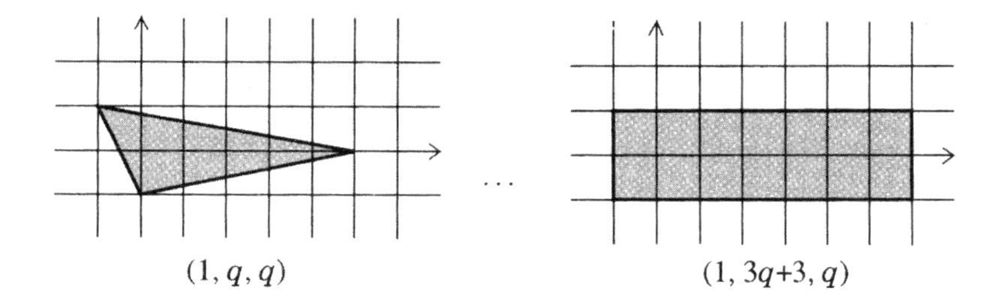

*整凸多面体の δ-列の特徴付けは $d\geqq 3$ のときには知られてはいない．なお，例 (15.1) は本質的には [P. R. Scott, On convex lattice polygons, Bull. Austral. Math. Soc. 15(1976), 395-399] で得られている．

我々の目標は，次元 d の整凸多面体から生起する δ-列の組合せ論的特徴付けを探せ，という極めて明確なものである．本章では，単体的球面の h-列に関する Dehn-Sommerville 方程式，上限定理，下限定理の δ-列版を議論する．

双対凸多面体　任意の (必ずしも，整とは限らない) 次元 d の凸多面体 $\mathcal{P} \subset \mathbf{R}^N$ が**標準型**であるとは，次の条件が満たされるときにいう：

(i)　$N = d$;

(ii)　原点 $(0, 0, \ldots, 0) \in \mathbf{R}^N$ は $\mathcal{P}$ の内部 $\mathcal{P} - \partial\mathcal{P}$ に属する．

凸多面体 $\mathcal{P} \subset \mathbf{R}^d$ が標準型であるとき，$\mathcal{P}$ の**極集合** $\mathcal{P}^* \subset \mathbf{R}^d$ を

$$\mathcal{P}^* = \{\boldsymbol{x} \in \mathbf{R}^d \mid 任意の\boldsymbol{y} \in \mathcal{P}に対して, \langle \boldsymbol{x}, \boldsymbol{y} \rangle \leqq 1 \text{ が成立する } \}$$

で定義する．ここで，$\langle \boldsymbol{x}, \boldsymbol{y} \rangle$ は $\mathbf{R}^d$ の通常の内積を表す．

(15.2) 例　平面 $\mathbf{R}^2$ の三角形 $\mathcal{P}$ の頂点が $(0, -1)$, $(1, 1)$, $(-1, 1)$ のとき，$\mathcal{P}$ は標準型であって，その極集合 $\mathcal{P}^* \subset \mathbf{R}^2$ は $(0, 1)$, $(2, -1)$, $(-2, -1)$ を頂点に持つ三角形である．

(15.3) 問　平面 $\mathbf{R}^2$ の四角形 $\mathcal{P}$ の頂点が $(1, 2)$, $(1, -1)$, $(-1, 2)$, $(-1, -1)$ のとき，その極集合 $\mathcal{P}^* \subset \mathbf{R}^2$ を求めよ．

(15.4) 問　凸多面体 $\mathcal{P} \subset \mathbf{R}^d$ と $\mathcal{Q} \subset \mathbf{R}^d$ はともに標準型で，$\mathcal{Q} \subset \mathcal{P}$ であると仮定する．このとき，$\mathcal{P}^* \subset \mathcal{Q}^*$ であることを示せ．

距離空間 $\mathbf{R}^d$ において，原点 $\mathbf{O} = (0, 0, \ldots, 0)$ の ε-近傍とは，$\mathbf{R}^d$ の開集合

$$U_\varepsilon(\mathbf{O}) = \{\boldsymbol{x} \in \mathbf{R}^d \mid \|\boldsymbol{x}\| < \varepsilon\}$$

のことである．ただし，$\varepsilon > 0$ は実数，$\|\boldsymbol{x}\| = \sqrt{\langle \boldsymbol{x}, \boldsymbol{x} \rangle}$ である．標準型凸多面体の極集合の定義を真似て，$U_\varepsilon(\mathbf{O})^* \subset \mathbf{R}^d$ を

$$U_\varepsilon(\mathbf{O})^* = \{\boldsymbol{x} \in \mathbf{R}^d \mid 任意の\boldsymbol{y} \in U_\varepsilon(\mathbf{O}) \text{ に対して}, \langle \boldsymbol{x}, \boldsymbol{y} \rangle \leqq 1 \text{ が成立する } \}$$

で定義する．

(15.5) 問　$U_\varepsilon(\mathbf{O})^* = U_{1/\varepsilon}(\mathbf{O})$ を示せ．

(15.6) 問　空間 $\mathbf{R}^d$ の凸多面体 $\mathcal{P}$ が標準型であるためには，$U_\varepsilon(\mathbf{O}) \subset \mathcal{P}$ となる実数 $\varepsilon > 0$ が存在することが必要十分であることを示せ．

(15.7) 補題　標準型凸多面体 $\mathcal{P} \subset \mathbf{R}^d$ の極集合 $\mathcal{P}^*$ は $\mathbf{R}^d$ の有界集合である．

証明　実数 $\varepsilon > 0$ を適当に選んで，$U_\varepsilon(\mathbf{O}) \subset \mathcal{P}$ とせよ (問 (15.6))．このとき，$\mathcal{P}^* \subset U_\varepsilon(\mathbf{O})^* = U_{1/\varepsilon}(\mathbf{O})$ である (問 (15.4)，問 (15.5) 参照)．従って，$\mathcal{P}^*$ は $\mathbf{R}^d$ の有界集合である． ∎

(15.8) 命題　凸多面体 $\mathcal{P} \subset \mathbf{R}^d$ が標準型のとき，その極集合 $\mathcal{P}^* \subset \mathbf{R}^d$ は $\mathbf{R}^d$ の標準型凸多面体である．さらに，$(\mathcal{P}^*)^* = \mathcal{P}$ が成立する．

証明　標準型凸多面体 $\mathcal{P} \subset \mathbf{R}^d$ の頂点集合を $\{\boldsymbol{x}_1, \boldsymbol{x}_2, \ldots, \boldsymbol{x}_v\}$ とし，空間 $\mathbf{R}^d$ の閉半空間 $\mathcal{H}_i^{(+)}$ を

$$\mathcal{H}_i^{(+)} := \{\boldsymbol{y} \in \mathbf{R}^d \mid \langle \boldsymbol{x}_i, \boldsymbol{y} \rangle \leqq 1\}$$

で定義する $(1 \leqq i \leqq v)$．このとき，極集合 $\mathcal{P}^*$ の定義から

$$\mathcal{P}^* \subset \bigcap_{i=1}^{v} \mathcal{H}_i^{(+)}$$

が従う．他方，補題 (1.7) と命題 (1.19) を使うと，$\mathcal{P}$ の任意の点 $\boldsymbol{\alpha}$ は

$$\boldsymbol{\alpha} = \sum_{i=1}^{v} r_i \boldsymbol{x}_i, \quad \sum_{i=1}^{v} r_i = 1, \quad 0 \leqq r_i \in \mathbf{R} \quad (1 \leqq i \leqq v)$$

と表される．すると，$\langle \boldsymbol{x}_i, \boldsymbol{y} \rangle \leqq 1$ $(1 \leqq i \leqq v)$ ならば $\langle \boldsymbol{\alpha}, \boldsymbol{y} \rangle \leqq 1$ である．従って，

$$\mathcal{P}^* = \bigcap_{i=1}^{v} \mathcal{H}_i^{(+)}$$

を得る．極集合 $\mathcal{P}^*$ は $\mathbf{R}^d$ の有界集合である (補題 (15.7)) から，命題 (1.27) は $\mathcal{P}^* \subset \mathbf{R}^d$ が凸多面体であることを保証する．また，$\mathcal{P}$ は $\mathbf{R}^d$ の有界集合である (問 (1.12)) から，実数 $\varepsilon > 0$ を適当に選べば $\mathcal{P} \subset U_\varepsilon(\mathbf{O})$ となる．従って，$U_{1/\varepsilon}(\mathbf{O}) = U_\varepsilon(\mathbf{O})^* \subset \mathcal{P}^*$ であるから，$\mathcal{P}^*$ は標準型である (問 (15.6))．

さて，任意の点 $\boldsymbol{x} \in \mathcal{P}$ と任意の点 $\boldsymbol{y} \in \mathcal{P}^*$ に対して，$\langle \boldsymbol{x}, \boldsymbol{y} \rangle \leqq 1$ である．すると，$\mathcal{P} \subset (\mathcal{P}^*)^*$ である．逆の包含関係を示すために，$\mathcal{P}$ に属さない点 $\boldsymbol{z}$ を任意に選ぶ．このとき，$\mathcal{P}$ の支持超平面

$$\mathcal{H} = \{\boldsymbol{x} \in \mathbf{R}^d \mid \langle \boldsymbol{x}, \boldsymbol{w} \rangle = 1\}, \quad \boldsymbol{w} \in \mathbf{R}^d$$

を適当に選べば，$\mathcal{P} \subset \mathcal{H}^{(+)}$ かつ $\boldsymbol{z} \in \mathcal{H}^{(-)} - \mathcal{H}$ となる (補題 (1.17) 参照)．任意の点 $\boldsymbol{x} \in \mathcal{P}$ は $\langle \boldsymbol{x}, \boldsymbol{w} \rangle \leqq 1$ を満たすから，$\boldsymbol{w} \in \mathcal{P}^*$ である．他方，$\boldsymbol{z} \in \mathcal{H}^{(-)} - \mathcal{H}$ より $\langle \boldsymbol{z}, \boldsymbol{w} \rangle > 1$ だから，$\boldsymbol{z}$ は $(\mathcal{P}^*)^*$ に属さない．従って，$\mathcal{P} \supset (\mathcal{P}^*)^*$ である．以上で $(\mathcal{P}^*)^* = \mathcal{P}$ が示せた． ∎

標準型凸多面体 $\mathcal{P} \subset \mathbf{R}^d$ の極集合 $\mathcal{P}^* \subset \mathbf{R}^d$ は $\mathcal{P}$ の**双対凸多面体**と呼ばれる．

(15.9) 補題　標準型凸多面体 $\mathcal{P} \subset \mathbf{R}^d$ の境界 $\partial\mathcal{P}$ に属する任意の点 z に対して，$\mathbf{R}^d$ の超平面 $\mathcal{H} = \{\boldsymbol{x} \in \mathbf{R}^d \mid \langle \boldsymbol{x}, \boldsymbol{z} \rangle = 1\}$ は双対凸多面体 $\mathcal{P}^* \subset \mathbf{R}^d$ の支持超平面である．

証明　点 $\boldsymbol{z}$ は $\mathcal{P}$ に属するから，$\mathcal{P}^* \subset \mathcal{H}^{(+)}$ である．従って，$\mathcal{P}^* \cap \mathcal{H} \neq \emptyset$ を示せば，$\mathcal{H}$ は双対凸多面体 $\mathcal{P}^*$ の支持超平面である．いま，

$$0 < \sup_{\boldsymbol{x} \in \mathcal{P}^*} \langle \boldsymbol{x}, \boldsymbol{z} \rangle \leqq 1$$

であるが，$\leqq 1$ が < 1 であったと仮定すると，

$$0 < \sup_{\boldsymbol{x} \in \mathcal{P}^*} \langle \boldsymbol{x}, t\boldsymbol{z} \rangle = 1$$

を満たす実数 $t > 1$ が存在する．このとき，$\boldsymbol{z}' := t\boldsymbol{z} \in (\mathcal{P}^*)^* = \mathcal{P}$ であるから $\mathbf{O} \in \mathcal{P}$ より $\boldsymbol{z} = (1/t)\boldsymbol{z}' \in \mathcal{P} - \partial\mathcal{P}$ となり矛盾する． ∎

(15.10) 命題　凸多面体 $\mathcal{P} \subset \mathbf{R}^d$ は標準型であると仮定し，$\mathcal{P}^* \subset \mathbf{R}^d$ をその双対凸多面体とする．いま，$\mathcal{P}$ の面 $\mathcal{F}\,(\emptyset \neq \mathcal{F} \subsetneqq \mathcal{P})$ に対して，$\mathcal{F}^* \subset \mathcal{P}^*$ を

$$\mathcal{F}^* = \{\boldsymbol{x} \in \mathcal{P}^* \mid \text{任意の}\boldsymbol{y} \in \mathcal{F}\text{に対して}, \langle \boldsymbol{x}, \boldsymbol{y} \rangle = 1 \text{ が成立する}\}$$

で定義する．このとき，

(i)　$\mathcal{F}^*$ は $\mathcal{P}^*$ の面 $(\emptyset \neq \mathcal{F}^* \subsetneqq \mathcal{P}^*)$ である；

(ii)　$(\mathcal{P}^*)^* = \mathcal{P}$ の面 $(\mathcal{F}^*)^*$ は $\mathcal{F}$ と一致する；

(iii)　$\mathcal{F}$ と $\mathcal{F}'$ が $\mathcal{P}$ の面で $\mathcal{F} \subset \mathcal{F}'$ ならば $\mathcal{F}^* \supset (\mathcal{F}')^*$ である．

従って，$\mathcal{P}$ の面の全体の集合と $\mathcal{P}^*$ の面の全体の集合の間には，包含関係を逆転する全単射が存在する．

証明　面 $\mathcal{F}$ の内部 $\mathcal{F} - \partial\mathcal{F}$ に属する点 $\boldsymbol{z}$ を任意に固定すると，

$$\mathcal{F}' := \{\boldsymbol{y} \in \mathcal{P}^* \mid \langle \boldsymbol{y}, \boldsymbol{z} \rangle = 1\}$$

は $\mathcal{P}^*$ の面であって (補題 (15.9)), $\mathcal{F}^* \subset \mathcal{F}'$ である．いま，$\boldsymbol{w} \in \mathcal{P}^*$ で $\boldsymbol{w} \notin \mathcal{F}^*$ なるものを任意に選ぶと，$\langle \boldsymbol{w}, \boldsymbol{z}' \rangle < 1$ となる $\boldsymbol{z}' \in \mathcal{F}$ が存在する．他方，点 $\boldsymbol{z}$ は $\mathcal{F} - \partial\mathcal{F}$ に属するから，$\boldsymbol{z}'' \in \mathcal{F}$ と実数 $0 < s < 1$ を適当に選んで，

$$\boldsymbol{z} = (1-s)\boldsymbol{z}' + s\boldsymbol{z}''$$

とできる．このとき，

$$\langle \boldsymbol{w}, \boldsymbol{z} \rangle = (1-s)\langle \boldsymbol{w}, \boldsymbol{z}' \rangle + s\langle \boldsymbol{w}, \boldsymbol{z}'' \rangle < 1$$

であるから，$\boldsymbol{w} \notin \mathcal{F}'$ である．すると，$\mathcal{F}^* = \mathcal{F}'$ が従い，$\mathcal{F}^*$ は $\mathcal{P}^*$ の面である．

凸多面体 $\mathcal{P}$ の支持超平面

$$\mathcal{H} = \{\boldsymbol{x} \in \mathbf{R}^d \mid \langle \boldsymbol{x}, \boldsymbol{z} \rangle = 1\}, \quad \boldsymbol{z} \in \mathbf{R}^d$$

を選んで，$\mathcal{P} \subset \mathcal{H}^{(+)}$, $\mathcal{F} = \mathcal{H} \cap \mathcal{P}$ とする．このとき，$\boldsymbol{z} \in \mathcal{F}^*$ である．いま，$\boldsymbol{w}$ を $\mathcal{P} - \mathcal{F}$ に属する点とすれば，$\langle \boldsymbol{w}, \boldsymbol{z} \rangle < 1$ となる．すると，$\boldsymbol{w} \notin (\mathcal{F}^*)^*$ である．従って，$\mathcal{F} \supset (\mathcal{F}^*)^*$ となる．他方，$\mathcal{F} \subset (\mathcal{F}^*)^*$ は明白であるから $(\mathcal{F}^*)^* = \mathcal{F}$ を得る．

さて，(i) によって，$\mathcal{P}$ の面に $\mathcal{P}^*$ の面を対応させる写像 Θ を，$\Theta(\mathcal{F})=\mathcal{F}^*$ で定義する．このとき，(ii) によって，写像 Θ は単射である．他方，$\mathcal{P}^*$ の任意の面 $\mathcal{G}$ に対して，$\mathcal{P}=(\mathcal{P}^*)^*$ の面 $\mathcal{F}=\mathcal{G}^*$ を取れば，再び (ii) を使って，$\Theta(\mathcal{F})=\mathcal{F}^*=(\mathcal{G}^*)^*=\mathcal{G}$ となる．すると，写像 Θ は全射である．さらに，(iii) によって，写像 Θ は包含関係を逆転する．■

(15.11) 補題　面 $\mathcal{F}$ が $\mathcal{P}$ の i-面であれば，$\mathcal{F}^*$ は $\mathcal{P}^*$ の $[(d-1)-i]$-面である．

証明　問 (1.33) を適用すると，

$$\emptyset=\mathcal{F}_{-1}\subsetneqq\mathcal{F}_0\cdots\subsetneqq\mathcal{F}_{i-1}\subsetneqq\mathcal{F}\subsetneqq\mathcal{F}_{i+1}\subsetneqq\cdots\subsetneqq\mathcal{F}_{d-1}\subsetneqq\mathcal{F}_d=\mathcal{P}$$

なる $\mathcal{P}$ の面の列が存在する．このとき，

$$\emptyset=\mathcal{F}_d^*\subsetneqq\mathcal{F}_{d-1}^*\cdots\subsetneqq\mathcal{F}_{i+1}^*\subsetneqq\mathcal{F}^*\subsetneqq\mathcal{F}_{i-1}^*\subsetneqq\cdots\subsetneqq\mathcal{F}_0^*\subsetneqq\mathcal{F}_{-1}^*=\mathcal{P}^*$$

は $\mathcal{P}^*$ の面の列である．すると，$\mathcal{F}^*$ は $\mathcal{P}^*$ の $[(d-1)-i]$-面である (問 (1.31) 参照)．■

(15.12) 系　標準型凸多面体 $\mathcal{P}\subset\mathbf{R}^d$ の i-面の個数と双対凸多面体 $\mathcal{P}^*\subset\mathbf{R}^d$ の $[(d-1)-i]$-面の個数は等しい．■

補題 (15.11) で，特に，$i=d-1$ のときが重要である．

(15.13) 系　凸多面体 $\mathcal{P}\subset\mathbf{R}^d$ は標準型であると仮定し，$\mathcal{P}^*\subset\mathbf{R}^d$ をその双対凸多面体とする．このとき，$\boldsymbol{a}=(a_1,a_2,\ldots,a_d)\in\mathbf{R}^d$ が $\mathcal{P}^*$ の頂点であるための必要十分条件は，$\mathbf{R}^d$ の超平面

$$\mathcal{H}=\{\boldsymbol{x}\in\mathbf{R}^d\mid\langle\boldsymbol{a},\boldsymbol{x}\rangle=1\}$$

が $\mathcal{P}$ の支持超平面であって $\mathcal{P}\cap\mathcal{H}$ が $\mathcal{P}$ の facet となることである．

証明　双対凸多面体 $\mathcal{P}^*$ の頂点 $\boldsymbol{a}=(a_1,a_2,\ldots,a_d)$ と $\mathcal{P}$ の facet $\mathcal{F}$ があって，$\mathcal{F}^*=\{\boldsymbol{a}\}$ であると仮定する．任意の点 $\boldsymbol{x}\in\mathcal{P}=(\mathcal{P}^*)^*$ は $\langle\boldsymbol{a},\boldsymbol{x}\rangle\leqq 1$ を満たす

から，$\mathcal{P} \subset \mathcal{H}^{(+)}$ となる．さらに，

$$\mathcal{F} = \{\boldsymbol{a}\}^* = \{\boldsymbol{x} \in \mathcal{P} \mid \langle \boldsymbol{a}, \boldsymbol{x} \rangle = 1\} = \mathcal{P} \cap \mathcal{H}$$

である．従って，超平面 $\mathcal{H}$ は $\mathcal{P}$ の支持超平面で，$\mathcal{P} \cap \mathcal{H}$ は $\mathcal{P}$ の facet である．他方，$\mathbf{R}^d$ の超平面 $\mathcal{H}$ が $\mathcal{P}$ の支持超平面であって $\mathcal{P} \cap \mathcal{H}$ が $\mathcal{P}$ の facet であると仮定する．空間 $\mathbf{R}^d$ の原点は $\mathcal{P}$ に属するから，$\mathcal{P} \subset \mathcal{H}^{(+)}$ である．すると，$\boldsymbol{a} \in \mathcal{P}^*$ である．いま，$\mathcal{P} \cap \mathcal{H} = \mathcal{F}$ とすれば $\mathcal{F}^* \supset \{\boldsymbol{a}\}$ である．ところが，$\mathcal{F}^*$ は $\mathcal{P}$ の 0-面であるから，$\mathcal{F}^* = \{\boldsymbol{a}\}$ となる．従って，点 $\boldsymbol{a}$ は $\mathcal{P}^*$ の頂点である． ∎

(15.14) 例　空間 $\mathbf{R}^3$ の六面体 $\mathcal{P}$ の頂点が $(\pm 1, \pm 1, \pm 1)$ であるとき，その双対凸多面体 $\mathcal{P}^*$ は $(1,0,0)$, $(-1,0,0)$, $(0,1,0)$, $(0,-1,0)$, $(0,0,1)$, $(0,0,-1)$ を頂点とする八面体である．

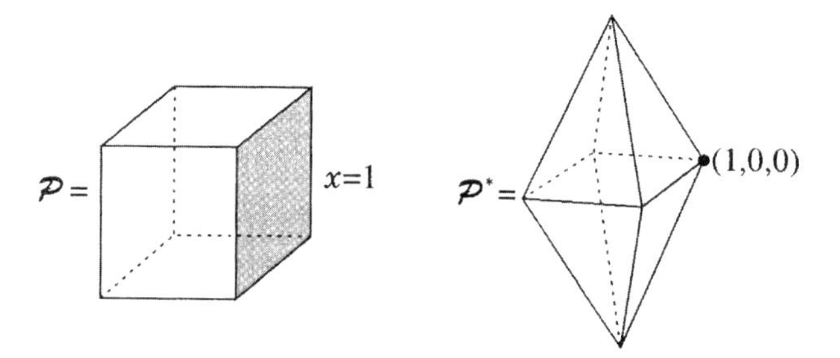

(15.15) 問　頂点が $(1,0,1)$, $(0,1,1)$,$(-1,-1,1)$, $(1,0,-1)$, $(0,1,-1)$, および $(-1,-1,-1)$ である標準的凸多面体 $\mathcal{P} \subset \mathbf{R}^3$ の双対凸多面体 $\mathcal{P}^*$ の頂点を計算せよ．

(15.16) 問　標準型凸多面体 $\mathcal{P} \subset \mathbf{R}^d$ は有理凸多面体であると仮定する．このとき，双対凸多面体 $\mathcal{P}^* \subset \mathbf{R}^d$ も有理凸多面体であることを示せ．

対称 δ-列　次元 d の整凸多面体 $\mathcal{P} \subset \mathbf{R}^N$ の δ-列 $\delta(\mathcal{P}) = (\delta_0, \delta_1, \ldots, \delta_d)$ が**対称**であるとは，

$$\delta_i = \delta_{d-i}, \quad 1 \leqq i \leqq d$$

が成立するときにいう．

次元 d の整凸多面体 $\mathcal{P} \subset \mathbf{R}^N$ の δ-列 $\delta(\mathcal{P}) = (\delta_0, \delta_1, \ldots, \delta_d)$ が対称であれば，特に，$(\delta_d =)\#((\mathcal{P} - \partial\mathcal{P}) \cap \mathbf{Z}^N) = 1(= \delta_0)$ である．すると，適当な平行移動を施して，$\mathbf{R}^N$ の原点は $\mathcal{P} - \partial\mathcal{P}$ に属するとしてよい (問 (15.17) 参照)．さらに，簡単のため*，$N = d$ を仮定する．

(15.17) 問　次元 d の整凸多面体 $\mathcal{P} \subset \mathbf{R}^N$ と点 $\boldsymbol{w} \in \mathbf{Z}^N$ があったとき，$\delta(\mathcal{P}) = \delta(\mathcal{P} - \boldsymbol{w})$ を示せ．ただし，$\mathcal{P} - \boldsymbol{w} := \{\boldsymbol{\alpha} - \boldsymbol{w} \in \mathbf{R}^N \mid \boldsymbol{\alpha} \in \mathcal{P}\}$ である．

ところで，標準型有理凸多面体 $\mathcal{P} \subset \mathbf{R}^d$ の双対凸多面体 $\mathcal{P}^* \subset \mathbf{R}^d$ は有理凸多面体である (問 (15.16))．しかしながら，標準型整凸多面体の双対凸多面体は必ずしも整凸多面体であるとは限らない (問 (15.3) 参照)．すると，標準型整凸多面体の双対凸多面体が整となるのはいつか，という疑問が浮上する．

(15.18) 定理　凸多面体 $\mathcal{P} \subset \mathbf{R}^d$ は標準型整凸多面体であると仮定する．このとき，$\mathcal{P}$ の δ-列 $\delta(\mathcal{P}) = (\delta_0, \delta_1, \ldots, \delta_d)$ が対称 δ-列となるための必要十分条件は，$\mathcal{P}$ の双対凸多面体 $\mathcal{P}^* \subset \mathbf{R}^d$ が整凸多面体となることである．　∎

定理 (15.18) は，定理 (13.17) と後述する補題 (15.20) から従う．

(15.19) 例　空間 $\mathbf{R}^3$ の四面体 $\mathcal{P}$ の頂点が $(1,1,-1)$, $(1,-1,1)$, $(-1,1,1)$, $(-1,-1,-1)$ であれば，$\delta(\mathcal{P}) = (1,7,7,1)$ は対称数列である．双対凸多面体 $\mathcal{P}^*$ は $(1,-1,-1)$, $(-1,1,-1)$, $(-1,-1,1)$, $(1,1,1)$ を頂点とする整凸多面体である．他方，四面体 $\mathcal{P}$ の頂点が $(1,1,0)$, $(1,0,1)$, $(0,1,1)$, $(-1,-1,-1)$ であれば，$\delta(\mathcal{P}) = (1,1,2,1)$ は対称数列ではない．双対凸多面体 $\mathcal{P}^*$ の頂点は $(3,-2,-2)$, $(-2,3,-2)$, $(-2,-2,3)$, $(1/2,1/2,1/2)$ であるから，$\mathcal{P}^*$ は整凸多面体ではない．

---

*次元 d の整凸多面体 $\mathcal{P} \subset \mathbf{R}^N$ があったとき，$\delta(\mathcal{P}) = \delta(\mathcal{Q})$ を満たす d 次元整凸多面体 $\mathbf{Q} \subset \mathbf{R}^d$ が存在する．

(15.20) 補題　空間 $\mathbf{R}^d$ の超平面

$$\mathcal{H} = \{x_1, x_2, \ldots, x_d) \in \mathbf{R}^d \mid \sum_{i=1}^{d} a_i x_i = b\}$$

を考える．ただし，(i) $a_1, a_2, \ldots, a_d$ と b は整数；(ii) $b > 1$；(iii) $a_1, \ldots, a_d, b$ の最大公約数は1とする．いま，$\mathcal{F} \subset \mathcal{H}$ は次元 $d-1$ の任意の有理凸多面体であると仮定する．このとき，整数 $n > 1$ と有理数 r で，条件 (i) $n-1 < r < n$；(ii) $r\mathcal{F} \cap \mathbf{Z}^d \neq \emptyset$ を満たすものが存在する．

証明　何れかの a_i は b で割り切れない．いま，a_1 が b で割り切れないと仮定し，$b/a_1 = q/p$ と置く．ただし，p と q は互いに素な整数で $q > 1$ である．有理凸多面体 $\mathcal{F} \subset \mathcal{H}$ の頂点を $\boldsymbol{v}^{(1)}, \boldsymbol{v}^{(2)}, \ldots, \boldsymbol{v}^{(m)}$ とする．ここで，$m \geqq d$, 各々の $\boldsymbol{v}^{(i)} \in \mathbf{Q}^d$ である．また，$\boldsymbol{v} = \boldsymbol{v}^{(1)} + \boldsymbol{v}^{(2)} + \cdots + \boldsymbol{v}^{(m)}$, $\boldsymbol{g} = (1/m)\boldsymbol{v}$, $\boldsymbol{\alpha} = (mb/a_1, 0, \ldots, 0) \in \mathbf{Q}^d$ と置く．次に，$c(\boldsymbol{v} - \boldsymbol{\alpha}) \in \mathbf{Z}^d$ となる整数 $c > 0$ を固定し，$\boldsymbol{\beta} = (\beta_1, \beta_2, \ldots, \beta_d) := c(\boldsymbol{v} - \boldsymbol{\alpha})$ とする．このとき，$a_1\beta_1 + a_2\beta_2 + \cdots + a_d\beta_d = 0$ である．他方，$\boldsymbol{g} \in \mathcal{F} - \partial\mathcal{F}$ である．すると，整数 $n_0 > 0$ で条件「任意の有理数 $r \geqq n_0$ に対して $r\boldsymbol{g} - \boldsymbol{\beta} \in r\mathcal{F}$ が成立する」を満たすものが存在する．

さて，$(b/a_1)\mathbf{Z} \cap \mathbf{Z} = q\mathbf{Z}$, $q > 1$ である．すると，整数 n $(> n_0)$ と t で不等式 $(n-1)b < a_1 t < nb$ を満たすものが存在する．このとき，$r = a_1 t/b$ とすると，$(n_0 \leqq) n - 1 < r < n$ である．さらに，$\boldsymbol{\gamma} := (t, 0, \ldots, 0) \in \mathbf{Z}^d$ と置くと，$\boldsymbol{\gamma} = (r/m)\boldsymbol{\alpha}$ であるから，$\boldsymbol{\gamma} + (r/cm)\boldsymbol{\beta} = r\boldsymbol{g}$ である．従って，$\boldsymbol{\gamma} + [r/cm]\boldsymbol{\beta} \in r\mathcal{F} \cap \mathbf{Z}^d$ である．　∎

定理 (15.18) の証明に移る．まず，δ-列の定義と定理 (13.17) を思い返すと，

$$1 + \sum_{n=1}^{\infty} i(\mathcal{P}, n)\lambda^n = \frac{\delta_0 + \delta_1\lambda + \cdots + \delta_d\lambda^d}{(1-\lambda)^{d+1}}$$

$$\sum_{n=1}^{\infty} i^*(\mathcal{P}, n)\lambda^n = \frac{\delta_d\lambda + \delta_{d-1}\lambda^2 + \cdots + \delta_0\lambda^{d+1}}{(1-\lambda)^{d+1}}$$

$$= \lambda\frac{\delta_d + \delta_{d-1}\lambda + \cdots + \delta_0\lambda^d}{(1-\lambda)^{d+1}}$$

である．すると，

$$i^*(\mathcal{P},1) + \sum_{n=1}^{\infty} i^*(\mathcal{P},n+1)\lambda^n = \frac{\delta_d + \delta_{d-1}\lambda + \cdots + \delta_0\lambda^d}{(1-\lambda)^{d+1}}$$

となる．従って，$\mathcal{P}$ の δ-列 $\delta(\mathcal{P}) = (\delta_0, \delta_1, \ldots, \delta_d)$ が対称であるためには，等式

$$1 + \sum_{n=1}^{\infty} i(\mathcal{P},n)\lambda^n = i^*(\mathcal{P},1) + \sum_{n=1}^{\infty} i^*(\mathcal{P},n+1)\lambda^n,$$

換言すれば，

$$\begin{cases} i^*(\mathcal{P},1) = 1 \\ i^*(\mathcal{P},n+1) = i(\mathcal{P},n) \qquad n = 1,2,3,\ldots \end{cases} \tag{9}$$

が成立することが必要十分である．

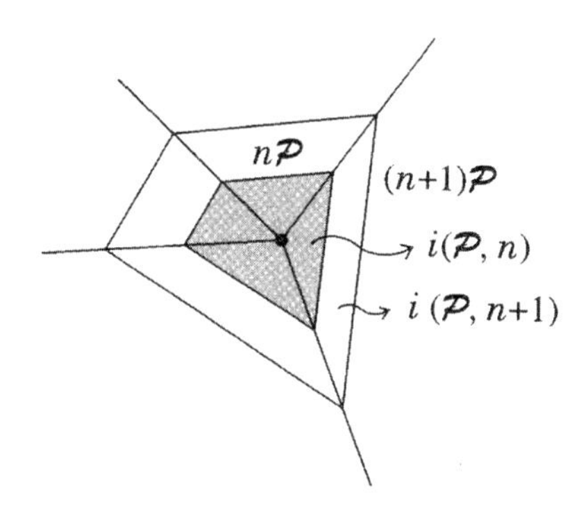

他方，(9) が成立するための必要十分条件は

$$[(n+1)(\mathcal{P} - \partial\mathcal{P}) - n\mathcal{P}] \cap \mathbf{Z}^d = \emptyset \qquad n = 0,1,2,\ldots \tag{10}$$

が成立することである．さらに，条件 (10) は次の条件 (☆) と同値である：

(☆)　空間 $\mathbf{R}^d$ の超平面 $\mathcal{H}$ が $\mathcal{P}$ の支持超平面であって，
$\mathcal{H} \cap \mathcal{P}$ が $\mathcal{P}$ の facet であるならば，

$$\mathcal{H} = \{(x_1, x_2, \ldots, x_d) \in \mathbf{R}^d \mid \sum_{i=1}^{d} a_i x_i = 1\}$$

となる整数 $a_1, a_2, \ldots, a_d$ が存在する．

実際，(☆) ⇒ (10) は $\mathcal{P}$ の境界 $\partial\mathcal{P}$ が $\mathcal{P}$ の facet 全体の $\mathbf{R}^d$ における和集合であること (問 (1.29)) から従い，(10) ⇒ (☆) は補題 (15.20) が保証する．

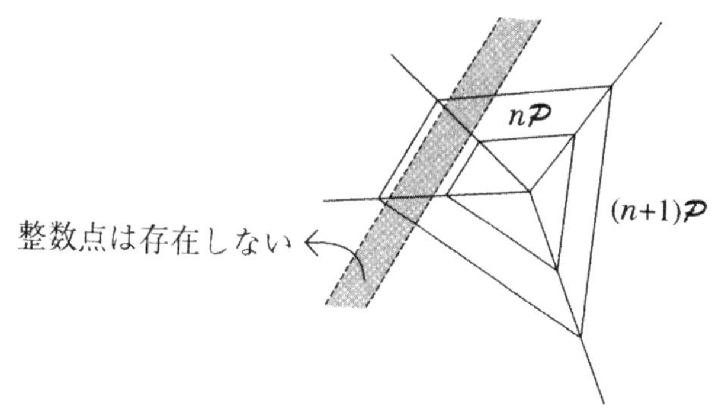

ところが，条件 (☆) は $\mathcal{P}$ の双対凸多面体 $\mathcal{P}^*$ が整凸多面体であることと同値である (系 (15.13)). ∎

(15.21) 例　下図の標準的整凸多面体 $\mathcal{P} \subset \mathbf{R}^3$ と $\mathcal{Q} \subset \mathbf{R}^3$ を考える．このとき，$\delta(\mathcal{P}) = \delta(\mathcal{Q}) = (1, 8, 8, 1)$ である．双対凸多面体 $\mathcal{P}^* \subset \mathbf{R}^3$ の頂点は $(0, 0, 1)$, $(0, 0, -1)$, $(2, -1, 0)$, $(-1, 2, 0)$, $(-1, -1, 0)$, その δ-列は $\delta(\mathcal{P}^*) = (1, 8, 8, 1)$ である．他方，$\delta(\mathcal{Q}^*) = (1, 14, 14, 1)$ である．すると，$\delta(\mathcal{P}^*) \neq \delta(\mathcal{Q}^*)$ となる．

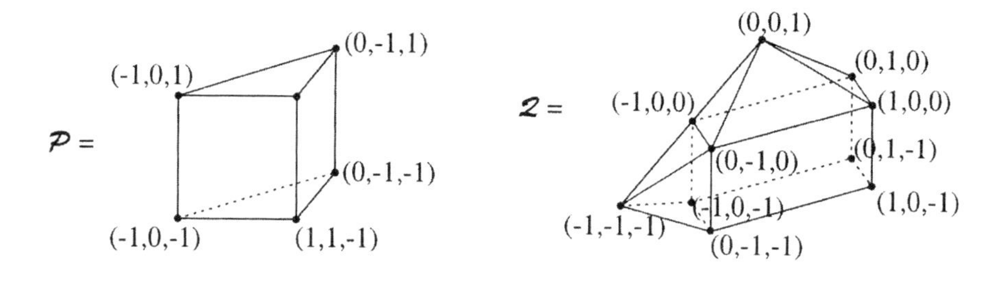

(15.22) 問　例 (15.21) で，双対凸多面体 $\mathcal{Q}^* \subset \mathbf{R}^3$ の頂点を計算し，$\delta(\mathcal{Q}^*) = (1, 14, 14, 1)$ を確かめよ．

(15.23) 例　有限半順序集合 $P=\{y_1,y_2,\ldots,y_d\}$ があったとき，

$$P^\wedge = P \cup \{0^\wedge, 1^\wedge\}$$

と置く．ただし，$0^\wedge$ と $1^\wedge$ は，それぞれ，$P^\wedge$ の唯一つの極小元，極大元であって，P には属さないものとする．たとえば，

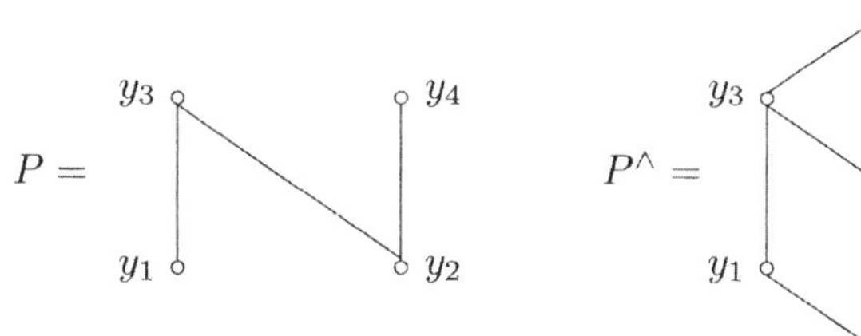

である．いま，$P^\wedge$ の辺 $e = \begin{array}{c} y_j \\ | \\ y_i \end{array}$ があったとき，$\rho(e) \in \mathbf{R}^d$ を

$$\rho\left(\begin{array}{c} y_j \\ | \\ y_i \end{array}\right) = \begin{cases} (0,0,\ldots,0,\overset{i}{\breve{1}},0,\ldots,0) & j=d+1 \text{ のとき} \\ (0,0,\ldots,0,\overset{j}{\breve{-1}},0,\ldots,0) & i=0 \text{ のとき} \\ (0,0,\ldots,0,\overset{i}{\breve{1}},0,\ldots,0,\overset{j}{\breve{-1}},0,\ldots,0) & 1 \leqq i,\ j \leqq d \text{ のとき} \end{cases}$$

で定義する．たとえば，

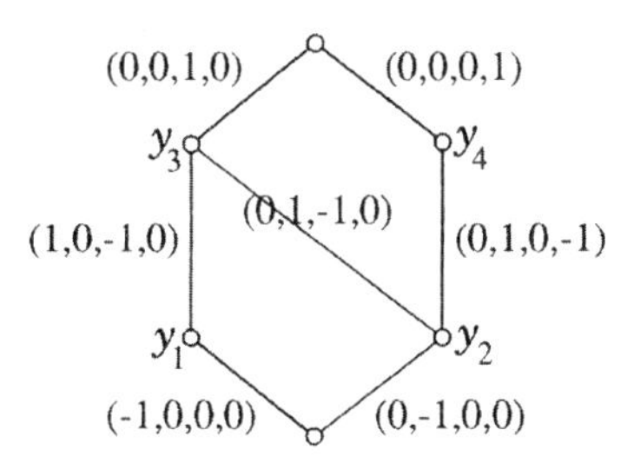

である．さらに，有限集合

$$\{\rho(e) \mid e \text{ は } P^\wedge \text{の辺}\}$$

の $\mathbf{R}^d$ における凸閉包を X_P で表す．このとき，次の事実が知られている：

(i)　$X_P \subset \mathbf{R}^d$ は標準型整凸多面体である；

(ii)　双対凸多面体 $X_P^* \subset \mathbf{R}^d$ は整凸多面体である．換言すれば，X_P の δ-列は対称数列である．

(15.24) 問　下図の半順序集合 P から構成される X_P の δ-列を計算せよ．

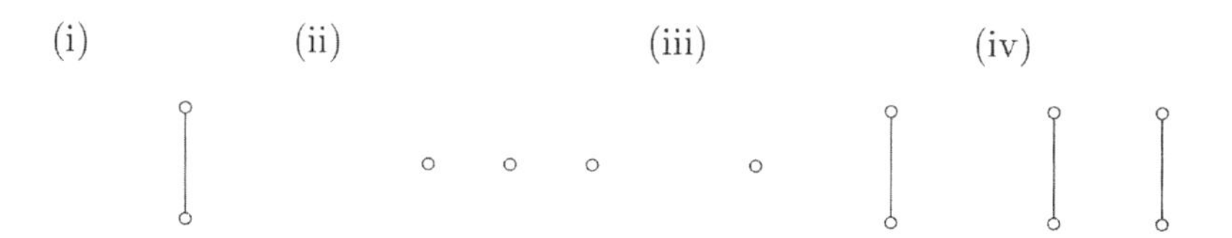

上限定理と下限定理　単体的球面の h-列に関する上限定理，下限定理の δ-列版を議論する．

(15.25) 定理*　次元 d の整凸多面体 $\mathcal{P} \subset \mathbf{R}^N$ の δ-列を $\delta(\mathcal{P}) = (\delta_0, \delta_1, \ldots, \delta_d)$ とし，$\delta_d \neq 0$ (すなわち，$(\mathcal{P} - \partial\mathcal{P}) \cap \mathbf{Z}^N \neq \emptyset$) を仮定する．このとき，不等式

$$\delta_1 \leqq \delta_i, \quad 2 \leqq i \leqq d-1$$

が成立する．■

定理 (15.25) の証明の鍵は，$\mathcal{P} \cap \mathbf{Z}^N$ を頂点集合とする $\mathcal{P}$ の三角形分割 Δ で，条件「Δ に属する任意の d-単体 $\mathcal{F}$ は $(\mathcal{P} - \partial\mathcal{P}) \cap \mathbf{Z}^N$ の点を含む」を満たすものを構成することである (命題 (13.11) 参照)．

*T. Hibi, A lower bound theorem for Ehrhart polynomials of convex polytopes, Advances in Math. 105(1994), 162-165.

(15.26) 例　空間 $\mathbf{R}^4$ の標準的整凸多面体 $\mathcal{P} \subset \mathbf{R}^4$ で

$$
\begin{array}{cc}
(0,0,0,1) & -(0,0,0,1) \\
(0,1,1,1) & -(0,1,1,1) \\
(1,0,1,1) & -(1,0,1,1) \\
(1,1,0,1) & -(1,1,0,1)
\end{array}
$$

を頂点に持つものを考える．このとき，$\delta(\mathcal{P}) = (1,4,22,4,1)$ である．すると，

$$
\delta_2 = 22 > \binom{4+2-1}{2} = 10
$$

である．従って，単体的球面の h-列に関する上限定理の δ-列類似は成立しない．

単体的球面の h-列に関する上限予想の肯定的解決 (§10 参照) を顧みると，次元 d の整凸多面体 $\mathcal{P} \subset \mathbf{R}^N$ に付随する Ehrhart 環 $A_k(\mathcal{P}) = \bigoplus_{n \geqq 0}[A_k(\mathcal{P})]_n$ が標準的な次数付代数であれば，$\mathcal{P}$ の δ-列 $\delta(\mathcal{P}) = (\delta_0, \delta_1, \ldots, \delta_d)$ は

$$
\delta_i \leqq \binom{\delta_1 + i - 1}{i}, \quad 1 \leqq i \leqq d
$$

を満たす．

(15.27) 問　例 (15.26) の凸多面体 $\mathcal{P} \subset \mathbf{R}^4$ は単体的凸多面体であることを示し，その境界複体の h-列を計算せよ．

問のヒントと略解

§1.

問 (1.1)　$\boldsymbol{\alpha}' = \boldsymbol{x}+\boldsymbol{\alpha}$, $\boldsymbol{x} \in U$, とすると, $U'+\boldsymbol{\alpha}' = U'+(\boldsymbol{x}+\boldsymbol{\alpha}) = (U'+\boldsymbol{x})+\boldsymbol{\alpha}$ $\therefore U \subset U'+\boldsymbol{x}$ $\therefore U = U-\boldsymbol{x} \subset U'$.

問 (1.2)　$\boldsymbol{w}_i - \boldsymbol{w}_0 \in U$ より W の次元は U の次元を越えない．他方，U の点 $\boldsymbol{x}_1, \ldots, \boldsymbol{x}_i$ が線型独立のとき，$\boldsymbol{w}_0 = \boldsymbol{\alpha}$, $\boldsymbol{w}_i = \boldsymbol{x}_i + \boldsymbol{\alpha}$ と置く．

問 (1.3)　**(a)** $\boldsymbol{\alpha}' \in X$ を固定すると，$\boldsymbol{x}-\boldsymbol{\alpha}' = (x-\boldsymbol{\alpha})+(\boldsymbol{\alpha}-\boldsymbol{\alpha}') \in (U+\boldsymbol{\alpha})-\boldsymbol{\alpha}'$ $= U-(\boldsymbol{\alpha}'-\boldsymbol{\alpha}) = U$ $\therefore U' \subset U$ $\therefore U'+\boldsymbol{\alpha}' \subset U+\boldsymbol{\alpha}' = U+(\boldsymbol{\alpha}'-\boldsymbol{\alpha})+\boldsymbol{\alpha}$ $= U+\boldsymbol{\alpha}$.　**(b)** $\boldsymbol{w}_0 = \boldsymbol{\alpha}$ と置く．

問 (1.4)　凸集合の定義を使う．

問 (1.5)　線型変換は線分を線分に移す．可逆な線型変換は同相写像である．

問 (1.6)

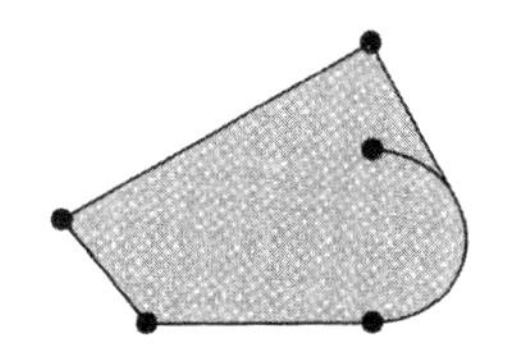

問 (1.8)　問 (1.3) **(b)** を使う．

問 (1.11)　A の閉集合 $F(\neq \emptyset)$ の f による像 $f(F)$ の B における閉包 $\overline{f(F)}$ に属する点 y があったとき，$f(F)$ の点から成る数列 $\{y_n\}_{n=0}^{\infty}$ で $\lim_{n\to\infty} y_n = y$ となるものが存在する．いま，$y_n = f(x_n)$ となる F の点

x_n を選んで数列 $\{x_n\}_{n=0}^{\infty}$ を考える．F は有界閉集合であるから，数列 $\{x_n\}_{n=0}^{\infty}$ は収束部分数列 $\{x_{n_i}\}_{i=0}^{\infty}$ を含む．$\lim_{i\to\infty} x_{n_i} = x \in F$ とすると，$y = \lim_{i\to\infty} y_{n_i} = \lim_{i\to\infty} f(x_{n_i}) = f(\lim_{i\to\infty} x_{n_i}) = f(x) \in f(F)$ となる．

問 (1.12)　補題 (1.7) より有限集合の凸閉包は有界閉集合である．

問 (1.15)　系 (1.14) を使う．点 $\boldsymbol{x}$ が $\mathcal{P}$ の頂点ならば，$\{\boldsymbol{x}\} = \mathrm{CONV}\,(\mathcal{H} \cap X)$ である．

問 (1.18)　(ii) $\boldsymbol{q} \in \mathrm{CONV}\,(\{\boldsymbol{x}, \rho(\boldsymbol{x})\})$, $\rho(\boldsymbol{x}) \neq \rho(\boldsymbol{q})$ ならば，$\|\boldsymbol{x} - \rho(\boldsymbol{q})\| \leqq \|\boldsymbol{x} - \boldsymbol{q}\| + \|\boldsymbol{q} - \rho(\boldsymbol{q})\| < \|\boldsymbol{x} - \boldsymbol{q}\| + \|\boldsymbol{q} - \rho(\boldsymbol{x})\| = \|\boldsymbol{x} - \rho(\boldsymbol{x})\|$ となり矛盾．他方，$\boldsymbol{x} \in \mathrm{CONV}\,(\{\boldsymbol{q}, \rho(\boldsymbol{x})\})$, $\rho(\boldsymbol{x}) \neq \rho(\boldsymbol{q})$ ならば，$\boldsymbol{x}$ を通って $L(\boldsymbol{q})$ に平行な直線 L と線分 $\mathrm{CONV}\,(\{\rho(\boldsymbol{x}), \rho(\boldsymbol{q})\})$ との交点を $\boldsymbol{y}$ とすると，$\|\boldsymbol{q} - \rho(\boldsymbol{q})\| < \|\boldsymbol{q} - \rho(\boldsymbol{x})\|$ より $\|\boldsymbol{x} - \boldsymbol{y}\| < \|\boldsymbol{x} - \rho(\boldsymbol{x})\|$ となり矛盾．

問 (1.20)　$\mathrm{AFF}\,(\mathcal{P}) = \mathrm{AFF}\,(V)$ に注意する．

問 (1.24)　(ii) ρ は連続写像である．

問 (1.29)　命題 (1.27) **(b)** の結果と **(a)** の証明を参照せよ．

問 (1.31)　補題 (1.30) を使う．

問 (1.33)　凸多面体には facet が存在するという事実と命題 (1.32) **(c)** を使う．

§ 2.

問 (2.1)　補題 (1.30) と命題 (1.32) によって，次元 d の凸多面体 $\mathcal{P} \subset \mathbf{R}^N$ とその面の全体の集合 Γ は，空間 $\mathbf{R}^N$ の d 次元多面体的複体で $|\Gamma| \simeq_{\mathrm{homeo}} \mathbf{B}^d$ である．

問 (2.2)　問 (1.20) を使う．d-単体の i-面の個数は $\binom{d+1}{i+1}$ である．

問 (2.4)

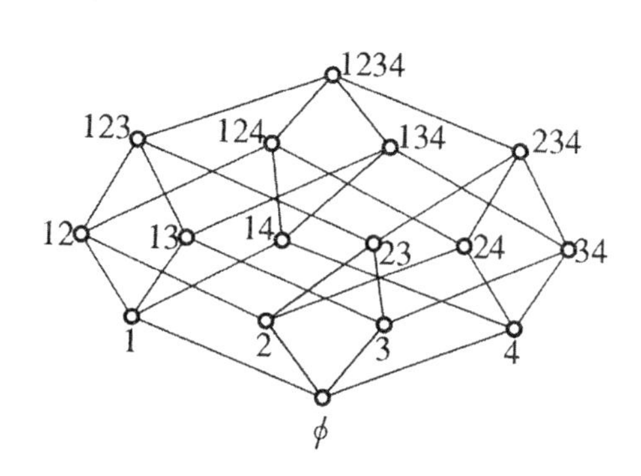

問 (2.6) $(d-1)$-単体.

問 (2.7) 省略.

問 (2.8) 多面体的複体 Γ と Γ' の組合せ論型が一致するということは，換言すれば，Γ の面の全体の集合と Γ' の面の全体の集合の間に包含関係を保つ全単射が存在する，ということである．問 (1.33) を使う．

§ 3.

問 (3.1) 問 (2.8) の類似.

問 (3.3) 公式 (7) の両辺の係数を比較する，$x=1$ を代入するなど.

問 (3.6) **(a)** h-列は $(1,1,\ldots,1)$ である．　**(c)** $f=(6,12,8)$, $h=(1,3,3,1)$. **(d)** 三角柱など．　**(e)** 直方体など.

§ 4.

問 (4.2) (ii) $\Rightarrow$ (ii$'$) は明白．他方，(ii$'$) を仮定すると $I \subset \oplus_{n \geqq 0}(I \cap A_n)$ である.

問 (4.3) 問 (4.2) を使う.

問 (4.4) $y_1, y_2, \ldots, y_s$ が A の生成系ならば，$\overline{y_1}, \overline{y_2}, \ldots, \overline{y_s}$ が A/I の生成系である.

§ 5.

問 (5.1) 次数 n の単項式の個数は相異なる v 個のものから n 個を選ぶ重複組合せの個数である.

問 (5.3) v に関する帰納法，あるいは，$(1+\lambda+\lambda^2+\cdots)^v$ を展開せよ.

問 (5.8) Hilbert 函数は $H(A,n)=3n+1$，Hilbert 級数は $F(A,\lambda)=(1+2\lambda)/(1-\lambda)^2$ である.

問 (5.9) Hilbert 級数は $1/(1-\lambda)^2+\lambda^2/(1-\lambda^2)+(\lambda^2+\lambda^3+\lambda^4+\lambda^5)/(1-\lambda)+\lambda^3/(1-\lambda^2)$ である.

§ 6.

問 (6.4) **(a)** 斉次元 $\eta_1,\ldots,\eta_s$ が巴系 $\theta_1,\ldots,\theta_d$ の分離系となるには $\eta_1,\ldots,\eta_s$ が線型空間 $A/(\theta_1,\ldots,\theta_d)$ を張ることが必要十分である．　**(b)** A の

Krull 次元が 0 であることと，線型空間 A が有限次元であることは同値である．

問 (6.5)　体と Galois 理論で学ぶ．

問 (6.7)　例 (6.6) で x と y を入れ換えると x, $y+z$ も A の巴系となる．すると，$\theta_1{}' = x^2$, $\theta_2{}' = y+z$ も A の巴系である．その分離系として $\eta_1 = 1$, $\eta_2 = x$, $\eta_3 = y$ が選べる．

問 (6.8)　分離系は $\eta_1 = 1$, $\eta_2 = x$, $\eta_3 = z$ など．

§ 7.

問 (7.5)　問 (5.8)，問 (6.8) と補題 (7.1) を使う．

問 (7.6)　**(b)** 非零因子 θ は体 k 上代数的独立である．Krull-dim$A = 1$ であるから，斉次元 y で $\deg y > 0$ なるものに対して，θ と y は代数的独立でない．すると，$y^n \in (\theta)$ となる整数 $n > 0$ が存在する．次数付代数 A は有限生成だから線型空間 $A/(\theta)$ は有限次元，すなわち θ は A の巴系である．いま，斉次元 $\eta_1, \ldots, \eta_s$ を $\eta_1, \ldots, \eta_s$ が $A/(\theta)$ の基底となるように選ぶ．このとき，θ が非零因子であることを使って，$p_1(\theta)\eta_1 + \cdots + p_s(\theta)\eta_s = 0$ から $p_i(\theta) = 0$, $1 \leqq i \leqq s$，を導く．

§ 8.

問 (8.2)　f-列と h-列の関係式 (§3, (7) 式) の左辺を展開する．また，x に $x+1$ を代入して右辺を展開する．

問 (8.3)　問 (8.2) (i) 式を $h_i = h_{d-i}$ に代入する．

§ 9.

問 (9.2)　(iv) は b に関する帰納法と (iii) を使う．

問 (9.6)　$v = 5$, $d = 3$, $f(\Delta) = (5, 10, 10)$ となる単体的複体 Δ を考えよ．

§10.

問 (10.3)　$N = v-1$, $x_0 = (0,\ldots,0) \in \mathbf{R}^N$, $x_{i+1} = (0,\ldots,0,\overset{i}{\breve{1}},0,\ldots,0) \in \mathbf{R}^N$, $1 \leqq i < v$, と置けば，$V = \{x_1, x_2, \ldots, x_v\}$ の任意の部分集合 W に対して CONV(W) は $\mathbf{R}^N$ の単体となる．いま，

$$\Delta = \left\{ \mathrm{CONV}(W) \;\middle|\; \begin{array}{l} W = \{x_{i_1}, x_{i_2}, \ldots, x_{i_r}\} \\ 1 \leqq i_1 < i_2 < \cdots < i_r \leqq v \\ x_{i_1}x_{i_2}\ldots x_{i_r} \notin I \end{array} \right\}$$

とすれば Δ は $\mathbf{R}^N$ の単体的複体で $I = I_\Delta$ となる．

問 (10.6)　$(i+1)$–変数 $x_1, x_2, \ldots, x_{i+1}$ の n 次の単項式で，$x_1x_2\ldots x_{i+1}$ で割り切れるものの個数は $\binom{n-1}{i}$ である．

問 (10.7)　補題 (10.2) の証明の脚注を参照せよ．

問 (10.11)　(i)$\theta_1 = x_1 + x_4$, $\theta_2 = x_2 + x_5$, $\theta_3 = x_3$; $\eta_1 = 1$, $\eta_2 = x_4$, $\eta_3 = x_5$; $F(k[\Delta], \lambda) = (1+2\lambda)/(1-\lambda)^3$. (ii)$\theta_1 = x_1 + x_4 + x_5$, $\theta_2 = x_2$, $\theta_3 = x_3$; $\eta_1 = 1$, $\eta_2 = x_4$, $\eta_3 = x_5$; $F(k[\Delta], \lambda) = (1+2\lambda-\lambda^2)/(1-\lambda)^3$.

§11.

問 (11.4)　幾何学的実現 $|\Delta|$ が連結のとき，$\widetilde{H}_0(\Delta; k) = (0)$ を示せ．

問 (11.6)　$\dim_k \mathrm{Ker}\,(\partial_1) = 1$ に注意する．

問 (11.14)　いずれも $\widetilde{H}_0(\Delta; k) = \widetilde{H}_2(\Delta; k) = (0)$，$\widetilde{H}_1(\Delta; k) \cong k$ である．

§12.

問 (12.4)　Cohen-Macaulay である単体的複体は (ii) と (iv) である．

問 (12.5)　**(b)** 次元 1 の単体的複体 Δ の任意の頂点 x があったとき，部分複体 $\mathrm{link}_\Delta(\{x\})$ は次元 0 の単体的複体である．定理 (12.1) と問 (11.4) を使う．

問 (12.9)　単体的複体 (ii) は Cohen-Macaulay でないから後述の命題 (12.10) によって shellable ではない．しかし，この問では shellable の定義から直接 (ii) が shellable ではないことを示せ．

§13.

問 (13.2) $i(\mathcal{F}, n) = (n^3 + 2n^2 + 3n + 2)/2$, $i^*(\mathcal{F}, n) = (n^3 - 2n^2 + 3n - 2)/2$.

問 (13.4) 問 (2.2)，補題 (1.7)，補題 (1.26) を使う．

問 (13.10) $\delta_0 = 1$, $\delta_1 = 1$, $\delta_2 = 2$, $\delta_3 = 1$.

問 (13.13) 例 (13.12) を真似るとともに，三角形分割の具体的な構成方法の(第 4 段) を参照せよ．

問 (13.16) $n\boldsymbol{\alpha} \in \mathbf{Z}^d$ なる任意の点 $\boldsymbol{\alpha} \in \mathcal{P}$ を一辺 n^{-1} の d 次元の立方体で囲むと (Riemann 積分の定義から) $\lim_{n\to\infty} i(\mathcal{P}, n)n^{-d}$ が $\mathcal{P}$ の体積と一致することを知る．

問 (13.19) $F^*(\mathcal{P}, \lambda)$ の λ の係数は δ_d である．

問 (13.21) (i)$n^2(n + 1)/2$. (ii)$(5n^4 + 10n^3 + 7n^2 + 2n)/24$.

§14.

問 (14.2) 有理数 x, y, z のうちの少なくともひとつが正となるような点 (x, y, z) の全体.

問 (14.6) 加法半群 $\mathcal{C}_\Phi \cap \mathbf{Z}^N$ は有限生成である (補題 (14.3)) から $\rho(\boldsymbol{\alpha}) = n$ となる $\boldsymbol{\alpha} \in \mathcal{C}_\Phi \cap \mathbf{Z}^N$ は有限個しか存在しない．

問 (14.8) $\{Y^n, XY^{n-1}, \ldots, X^{[n/3]}Y^{n-[n/3]}\}$.

問 (14.11) $A_k(\mathcal{C}_\Phi; \rho)$ は XY, Y を生成系に持つ．

問 (14.14) $(1, 1, 1) \in \mathcal{C}_\Phi \cap \mathbf{Z}^2$ に注意する．

問 (14.15) **(a)** $\theta_1 = X_1$, $\theta_2 = X_2X_4$, $\theta_3 = X_2 + X_1X_3$, $\theta_4 = X_1X4 + X_2X_3$; $\eta_1 = 1$, $\eta_2 = X_2$, $\eta_3 = X_2X_3$. **(b)** $\theta_1 = X_1$, $\theta_2 = X_2X_4$, $\theta_3 = {X_2}^2 + X_1X_3$, $\theta_4 = X_1X_4 + X_2X_3$; $\eta_1 = 1$, $\eta_2 = X_2$, $\eta_3 = {X_2}^2$, $\eta_4 = X_2X_3$.

問 (14.17) $F(A, \lambda) = F(B, \lambda) + \lambda$ である．

問 (14.22) 命題 (14.12) を使う．

問 (14.28) 定理 (6.1) の証明を参照せよ．

§ 15.

問 (15.3)　極集合は $(1,0)$, $(-1,0)$, $(0,1/2)$, $(0,-1)$ を頂点とする四角形である.

問 (15.4)　極集合の定義から従う.

問 (15.5)　$<\boldsymbol{x},\boldsymbol{y}> \leqq \|\boldsymbol{x}\|\,\|\boldsymbol{y}\|$ を使う.

問 (15.6)　$U_\varepsilon(\mathbf{O}) \subset \mathcal{P} \subset \mathbf{R}^d$ ならば $\mathcal{P}$ の次元は d である.

問 (15.15)　$(1,1,0),(-2,1,0),(1,-2,0),(0,0,1),(0,0,-1)$.

問 (15.16)　$\mathbf{R}^d$ の d 個の有理点 $\boldsymbol{\alpha}_1,\boldsymbol{\alpha}_2,\ldots,\boldsymbol{\alpha}_d$ があって $\boldsymbol{\alpha}_2-\boldsymbol{\alpha}_1,\ldots,\boldsymbol{\alpha}_d-\boldsymbol{\alpha}_1$ が線型独立なとき, $\boldsymbol{\alpha}_1,\boldsymbol{\alpha}_2,\ldots,\boldsymbol{\alpha}_d$ を通る $\mathbf{R}^d$ の平面の方程式の係数は有理数である.

問 (15.17)　$n(\mathcal{P}-\boldsymbol{w}) = n\mathcal{P} - n\boldsymbol{w}$ に注意せよ.

問 (15.22)　Q^* の頂点は $(-1,0,0),(0,-1,0),(0,0,-1),(1,1,0),(-1,1,0),$ $(1,-1,0),(1,1,1),(1,-1,1),(-1,1,1),(-1,-1,1)$ である.

問 (15.24)　(i) $(1,1,1)$. (ii) $(1,3,3,1)$. (iii) $(1,2,2,1)$. (iv) $(1,2,3,2,1)$.

問 (15.27)　$h(\Delta(\mathcal{P})) = (1,4,6,4,1)$.

あとがき

可換代数と組合せ論の相互関係が研究されるようになってから，20 余年の歳月が流れた．筆者は，1991 年，オーストラリアのシドニー大学で「可換代数と組合せ論」の連続講義をする機会を得た．その講義の目的は，組合せ論を専攻する大学院生に，可換代数の予備知識を仮定することなく，可換代数に関連した組合せ論の話題を解説することであった．その際に作成した講義ノートに加筆したものが [6] である．本著と比較すると，［ 6] は講義ノートとしての色彩が強く，教科書としての体裁には不備があるものの，本著で扱っていない話題の幾つか（たとえば，Algebras with Straightening Laws）も含まれている．

本著の各章に関連する教科書と解説記事を列挙する．最近の研究論文については [2], [4], [6], [11], [13], [14], [16] 等に載っている文献表を参照されたい．

【第 1 章】

凸多面体の古典理論については [5] に集大成されている．本著の執筆に際しては [1], [8] を参考にした．

【第 2 章】

可換代数のイデアル論については [7], [10] が名著である．可換代数の組合せ論的側面については [2] が詳しい．

【第 3 章】

単体的凸多面体の境界複体についての Dehn-Sommerville 方程式，上限定理，下限定理については [1] に要領良く解説されている．単体的複体に付随する Stanley-Reisner 環の代数的側面については [2], [12], [15] を参照されたい．単体的複体の f-列と h-列の組合せ論については [14] が総合的な解説記事である．

ところで，序章で語られたように，単体的凸多面体の境界複体の h-列の組合せ論的特徴付けについては，いわゆる“g-予想”と呼ばれるものが [24] によって提唱された．一般に，正の整数 f と i があったとき，

$$f = \binom{n_i}{i} + \binom{n_{i-1}}{i-1} + \cdots + \binom{n_j}{j}$$

$$n_i > n_{i-1} > \cdots > n_j \geqq j \geqq 1$$

となる表示が一意的に存在する．このとき，

$$f^{\langle i \rangle} = \binom{n_i+1}{i+1} + \binom{n_{i-1}+1}{i} + \cdots + \binom{n_j+1}{j+1}$$

と定義し，さらに，$0^{\langle i \rangle} = 0$ と置く．

予想 (g-予想)　整数を成分とする数列 $h = (h_0, h_1, \ldots, h_d)$ が与えられたとき，$h(\Delta(\mathcal{P})) = h$ となる d 次元単体的凸多面体 $\mathcal{P}$ が存在するための必要十分条件は

(i)　$h_0 = 1$；

(ii)　$h_i = h_{d-i}, 0 \leqq i \leqq d$；

(iii)　$0 \leqq h_{i+1} - h_i \leqq (h_i - h_{i-1})^{\langle i \rangle}, 1 \leqq i < [d/2]$

が成立することである．

幾つかの部分的な進展の後，[19] によって十分性が証明された．他方，必要性は [29] によってトーリック多様体の理論を経由して証明された．昨今，トーリック多様体の幾何と凸多面体の相互関係については著しい進展がある．たとえば [4], [11], [16] を参照されたい．

【第 4 章】

凸多面体の Ehrhart 多項式についての Ehrhart 自身の仕事は [3] に集約されている．他方，δ-列の組合せ論の最近の進展については [13] に要約されている．序章で登場した魔法陣の話題については [12] において詳細な議論が展開されている．

◆著　書

[1] A. Brøndsted, "An Introduction to Convex Polytopes," Springer, 1983.

[2] W. Bruns and J. Herzog, "Cohen-Macaulay Rings", Cambridge University Press, 1993.

[3] E. Ehrhart, "Polynômes arithmétiques et Méthode des Polyèdres en Combinatoire, Birkhäuser, 1977.

[4] W. Fulton, "Introduction to Toric Varieties," Princeton University Press, 1993.

[5] B. Grünbarm, "Convex Polytopes," John Wiley & Sons, Inc. (Interscience), 1967.

[6] 日比孝之, "Algebraic Combinatorics on Convex Polytopes," Carslaw, 1992.

[7] 松村英之，可換環論，共立出版，1980 年.

[8] P. McMullen and G. C. Shephard, "Convex Polytopes and the Upper Bound Conjecture," Cambridge University Press, 1971.

[9] J. R. Munkres, "Elements of Algebraic Topology," Addison-Wesley, 1984.

[10] 永田雅宜，可換環論，紀伊国屋書店，1974 年.

[11] 小田忠雄，凸体と代数幾何，紀伊国屋書店，1985 年.

[12] R. P. Stanley, "Combinatorics and Commutative Algebra," Birkhäuser, 1983.

◆解説記事

[13] 日比孝之，Ehrhart polynomials of convex polytopes, h-vectors of simplicial complexes and non-singular projective toric varieties, in "Polytopes and Convex Sets" (J. E. Goodman, et al., eds.), DIMACS Series in Discrete Mathematics and Theoretical Computer Science, Volume 6, Amer. Math. Soc., 1991, pp. 165–177.

[14] 日比孝之，単体的複体と凸多面体の組合せ論，数学 44 (1992), 147–160.

[15] M. Hochster, Cohen-Macaulay rings, combinatorics, and simplicial complexes, in "Ring Theory II" (B. R. McDonald and R. Morris, eds.), Lect. Notes in Pure and Appl. Math., No. 26, Dekker, 1977, pp. 171–223.

[16] 小田忠雄，トーリック多様体の最近の発展，数学 46 (1994), 323–335.

◆研究論文

[17] D. W. Barnette, The minimal number of vertices of a simple polytope, Israel J. Math. 10 (1971), 121–125.

[18] D. W. Barnette, A proof of the lower bound conjecture for convex polytopes, Pacific J. Math. 46 (1973), 349–354.

[19] L. J. Billera and C. Lee, A proof of the sufficiency of McMullen's conditions for f-vectors of simplicial convex polytopes, J. Combin. Theory, Ser. A 31 (1981), 237–255.

[20] H. Bruggesser and P. Mani, Shellable decompositions of cells and spheres, Math. Scand. 29 (1971), 197–205.

[21] M. Hochster, Rings of invariants of toril, Cohen-Macaulay rings generated by monomials, and polytopes, Ann. of Math. 96 (1972), 318–337.

[22] V. Klee, The number of vertices of a convex polytope, Canad. J. Math. 16 (1964), 701–720.

[23] P. McMullen, The maximal numbers of faces of a convex polytope, Mathematika 17 (1970), 179–184.

[24] P. McMullen, The numbers of faces of simplicial polytopes, Israel J. Math. 9 (1971), 559–570.

[25] T. S. Motzkin, Comonotone curves and polyhedra, Bull. Amer. Math. Soc. 63 (1957), 35 (Abstract 111).

[26] G. Reisner, Cohen-Macaulay quotients of polynomial rings, Advances in Math.21 (1976), 30–49.

[27] R. P. Stanley, Cohen-Macaulay rings and constructible polytopes, Bull. Amer. Math. Soc. 81 (1975), 133–135.

[28] R. P. Stanley, The upper bound conjecture and Cohen-Macaulay rings, Stud. Appl. Math. 54 (1975), 135–142.

[29] R. P. Stanley, The number of faces of a simplicial convex polytope, Advances in Math. 35 (1980), 236–238.

追記 トーリック多様体の幾何と組合せ論，およびその周辺分野における幾つかの話題については，下記の研究集会報告集も参照されたい．

[1'] トーリック多様体の幾何と凸多面体，数理解析研究所講究録 776,1992 年．

[2'] 凸多面体の離散構造の現代的諸相，　数理解析研究所講究録 857,1994 年．

索 引

【著者】
日比　孝之（ひび　たかゆき）
1956年生
大阪大学大学院情報科学研究科教授

【現代数学シリーズ編者】
伊藤　雄二（いとう　ゆうじ）
慶應義塾大学名誉教授

現代数学シリーズ
可換代数と組合せ論　復刊

令和元年9月20日　発　　行
令和5年6月15日　第6刷発行

著作者　日　比　孝　之

編　集　シュプリンガー・ジャパン株式会社

発行者　池　田　和　博

発行所　丸善出版株式会社
〒101-0051　東京都千代田区神田神保町二丁目17番
編集：電話(03)3512-3266／FAX(03)3512-3272
営業：電話(03)3512-3256／FAX(03)3512-3270
https://www.maruzen-publishing.co.jp

印刷・製本／大日本印刷株式会社

ISBN 978-4-621-30420-4 C3341　　Printed in Japan

本書は，1995年10月にシュプリンガー・ジャパン株式会社より出版された同名書籍を復刊したものです。